川から始める地方再生

リバーブランディング

水谷 要

川から始める地方再生　目次

はじめに

川は流れることで膨大な生命と生態の循環をつくり出す、尊いすべての命の源であり、私たち人間の生活に密着し、人々の暮らしを支え、多種多様な生物たちを育んでいます。

上流から河口へと続く川の流れは、私たちに多くの知恵を授け、固有の郷土をつくりあげ、多くの生物たちを潤してきました。


川たちはいったい、どれだけすてきな郷土文化を日本中につくりだしたのでしょうか。

川の魅力にとりつかれた私は、勤めていた広告会社を定年前に退職しました。人生のセカンドステージを川をよくする活動に費やしたいと思うようになり、まずは日本中の川を巡ってみて、川を取り巻く現場を視察するうちに現実を知りました。

本来、川は流域の地形などにより蛇行して流れますが、治水を目的とした直線化や、利水のための横断構造物の設置など、大幅な河川改修に随所で遭遇しました。

自然再興や生命地域主義に世の中が大きく舵を切るなか、治水・利水は大切なことですが、もう少し環境視点からの示唆があってもいいのではないかと考えています。

どの地域にも川を中心とした治水・利水の歴史があります。それらを国や地方自治体や公共団体のせいにするのではなく、何よりも地域のすべての人々が川のことをもっと考え、理解し、真剣に活用することが、地方創生に向けて大切な要素になるのではと考え、清らかな水と生物たちの生活の場をよりよくするための活動を進めてきました。

地球温暖化は待ったなしの状態です。気温や水温の上昇による環境変化は、すでに私たちの生活のなかで頻繁に起こっています。そのような環境で、私たちは着眼大局しながらも、手の届く範囲でできることを共有して実現していくことが求められています。

地域で予め目標を共有して、川などの地域資源を基本とする将来ビジョンを描き、国や自治体なども巻き込んで、夢を実現する行動を始めることが大切なのではないでしょうか。

私たちは今、たいへん重要な決断を求められています。

生物多様性の損失を止め、回復軌道に乗せないと地球の未来はないからです。自己所有的な独占が限界を迎えた今、その考え方を所有ではなく、共有の中に見出す必要があるのではないでしょうか。

私たちは今、勇気をもって変わること、むしろ私たち自身が積極的に変化を起こしていかなければならないのです。

本書でご紹介する内容には、この10年に渡ってご採択いただいた総務省、農林水産省の交付金を財源とした活動があります。また県・市町村の河川関連・産業振興などの多くの行政ご担当者様のご助言のもと、魚類や植生、地域資源など専門家による調査を実施しましたことを冒頭に申し上げておきます。

日本中にはたくさんのカワイイ川があります。川の数だけ、地域の好循環が生まれます。

次世代の若者たちに、貴重な日本の清流を保全し受け継いでいきませんか。

そのために本書が少しでもお役に立つことができましたら、無上の喜びです。

水谷 要

第1章　自然復興と川

第1節　川が好き

——川に遊び、川をなおす

あなたにもきっと、心に残る思い出の川があるのではないでしょうか。

日本は水資源の豊かな国であり、多くの地域文化や伝統は流域の川と密接な関係があります。その恩恵を受けて固有の豊かな地域特性が育まれてきたことでしょう。

そんな日本の川がどうもおかしい。自然再興や生命地域主義に世の中が大きく舵を切っているなか、それらと逆行するような多くの現実と出会います。


川は日本の国土の血管であり、川が健康を取り戻すことが重要なポイントです。

人間の健康になぞらえるならば、血流がスムーズであることと同じことです。そうでありさえすれば、多くの病気や課題を克服できることでしょう。大動脈だけがよければいいわけではありません。毛細血管の血流もとても大切です。スムーズな血流であれば、日本中の各地にたいへんよい循環が生まれ、地域循環型の経済につながります。

台風や線状降水帯による水害の視点からだけではなく、まず日本の文化的な視点から、環境課題においても大切な温暖化対策や森林破壊、食料問題などにどう向き合っていくべきでしょうか。

それにはまず現状を知ることが肝要ですので、いま一度考えてみたいと思います。

このままだと日本の川はどうなってしまうのか気がかりで、私は10年前から全国の川を見て廻り、現実を直視しました。

そこで気付いたのは、日本の川は景観も水もきれいだけど、そこら中に整備不良のえん堤や魚道、砂防ダムなどがあり、魚たちは自由に川を移動できないし、海に降りることも海から上がることもできない、ということです。これでは、魚などの水棲生物がいなくなるわけです。水棲生物の生息環境を直さなければいけません。


治水や利水を優先するあまり、川に対する対策や警告など、首をかしげたくなるようなものが多く見られます。でもそれは、国や地方公共団体だけが悪いのではありません。すべての人が、もっと真剣に川のことを考える必要があります。

治水も利水ももちろん大切ですが、治水や利水の次に環境がくるのではなく、環境から遡って決めていく利水や治水があるのではないでしょうか。それは生命地域主義にほかなりません。その地域の皆さんが予め目標を共有し、川などの地域資源を基本とする将来ビジョンを描き、国や自治体なども巻き込んで改革を実現することが重要なのではと考えました。

日本にはたくさんの川が流れています。川の数だけ、地域の好循環が生まれます。

その実現に向けて、皆さまの思い出の川や郷里をすてきなコンディションに整えて、次の世代につなぎませんか。

危うい水棲生物の生態系

川からの恵みは数え切れないほどたくさんあります。
昔はアユが踏むほどいた。
川遊びをしているとウナギの稚魚がまとわりついてきた。
そんな昔話しをするお年寄りが、よくいらっしゃいます。

いつ頃ですか。
子どもの頃。あの頃はよかった。でも今はもう、まったく姿が見えない。
もう一度、復活させませんか。
もう遅い、無理だよ。

実際にしたことのある会話です。
しかし自然には素晴らしい回復力があります。人間が手を加えて、治水・利水のために改良したところが壊れたのであれば、人間が直してあげればいいだけです。

日本の汽水・淡水域には約400種の魚がいます。環境省が2020年に公表したレッドリストでは、その内の169種が絶滅危惧種です。準絶滅危惧の35種を合算すると、実に半分以上の汽水・淡水魚類が絶滅の危機に瀕しているということになります。ニホンウナギも準絶滅危惧種に含まれています。

日本各地の清流が、魚類などの水棲生物の生態系として危うい状況になっています。

その原因は、役目を十分に果たさないえん堤や魚道がたくさんあり、水棲生物が遡上や降海をしにくい環境にあります。山林の荒廃による魚類の産卵場所や生育環境の悪化が進んでいることなども悩ましい問題です。

川幅いっぱいにえん堤が構築されていて魚道もないと、魚もその他の生物たちもえん堤でせき止められて、遡上も降海もできません。それに加えてえん堤の上流部は砂がたまって溢れており、増水すると上流部の砂も一緒に流れ、えん堤下流の石を流したり、河床を低下させたりという影響がでています。

新潟県のこの川の流域には豊かな自然があります。残念な気持ちでシャッターを切ったことを思い出します。

横断構造物などの影響により、アユなどの海と川を行き来する「通し回遊魚」にとって、海から遡上するのにも、そして産卵期に川を下流に移動するのにも、適していない状況になっています。また魚道があっても、長年の水流の影響で、いろいろな箇所が壊れていることも多いです。それらをちょっと改善するだけで、飛躍的にコンディションは改善されます。ニホンウナギ、アユ、サケ、サクラマス、サツキマス、カマキリ、ヨシノボリ、ボウズハゼなど、通し回遊魚の生息数が増えると考えるとドキドキします。

私は学者ではないので、これ以上の言及は控えますが、日本中にこのような河川がたくさんあります。もちろん、水のきれいな川はたくさんありますが、豊かな川としての条件を維持している川は、想像以上に少ないかもしれません。

個人でできることから始める

セカンドライフは、〝好きなものは好き〟から始めました。

私は子どものころから川が大好きでした。長野の山奥の清流で、イワナの手掴みを覚えて、川遊びに夢中になりました。川漁師か炭焼き職人になりたいと本気で思っていましたが、都会の絵の具に染まってしまい、広告会社に勤めました。晩年に自分のセカンドライフを考えていたら、好きだったあの川たちをどうすればよい川に戻せるか、という妄想ばかりしている自分がいました。

会社を辞めて、好きな「川」に関わる仕事をすることに決めて、全国の川を見て廻りました。そうしたら、壊れている川のなんと多いことか。

川とその流域の植生が豊かになることで、水棲生物のみならず、昆虫や動物、鳥たちも含めた自然環境がよみがえるのではないでしょうか。

個人レベルでできる「川の保全」という観点からみると、全長30〜50㎞ぐらいの二級河川であれば市町村が管理を受託している流域が多いので、自分が考える「川の保全」について話を聞いてもらえるかもしれないと、NPO法人ウォーターズ・リバイタルプロジェクト（略称WRP）を立ち上げました。

ですから、ここで取り上げる川は二級河川ばかりです。

人間の体でいえば毛細血管にあたる、「30㎞の川（リバー30K）」でいま何が起きているのか、この本ではそのあたりの話を具体的にしてみたいと思います。

またその前に、自分が何らかの形で関わったカワイイ川をとりあげながら、なぜ自分が川に夢中になったのか、私が「カワイイ」と思う川はどんな川なのかをお話しします。

今、通称・リバー30Kを始め、いたるところで問題になっている壊れかけた川の不要なえん堤、機能しない魚道など、人間が造った構造物を直すことは人間にしかできません。

南フランスのバスク地方・ニーヴ・ド・ベエロビ川では、川流域の土地所有者が、自分の土地を流れる川を自ら管理しています。ボランティアの漁業組合（APRN）が常時見回り、不必要なえん堤はダイナマイトで所有者に破壊してもらったりして、「生きている川」の維持を目指しているようです。日本では行政が川の管理をしていますが、残念ながら、造ったえん堤を改修するといったことは手続きがなかなか大変です。私たちWRPは、そのあたりの役割を担って日本中の川たちを元気にしています。

私は、WRPにて「川の保全と地域活性化」を推進すること、言いかえると「リバーブランディング活動」を推奨しています。

そして次の3点について、結果を出したいと考えています。
・官民一体となった、共通価値の創造による公益と事業益の両立を実現する
・民間企業の協力による、川を中心とした地域活性化推進モデルを確立させる
・次世代の若者たちに向け、貴重な日本の清流を保全し受け継いでいく
この活動を通じて皆さまに知っていただきたいのは、次のようなことです。

・日本には「通し回遊魚」が数多く生息していて、それらの魚類が海と川を自由に行き来できることは大切である
・バランスの崩れた川を復元し、内水面（淡水）の水産資源が豊かになることは、その地域の経済効果を高め、人々に素晴しい恩恵をもたらす
・養殖魚の放流だけでは決して天然魚類は復活しない、むしろ逆効果になる

これは、徳島県の海部川《かいふがわ》の魚道を遡上してきたアユの稚魚たちです。5㎝くらいのサイズで、キラキラ反転しながら順番に上がってきます。この子たちが1年間のアユの生活史を経て産卵し、また来年に元気に川を上ってくる環境こそが、本当の自然との共生だと思います。

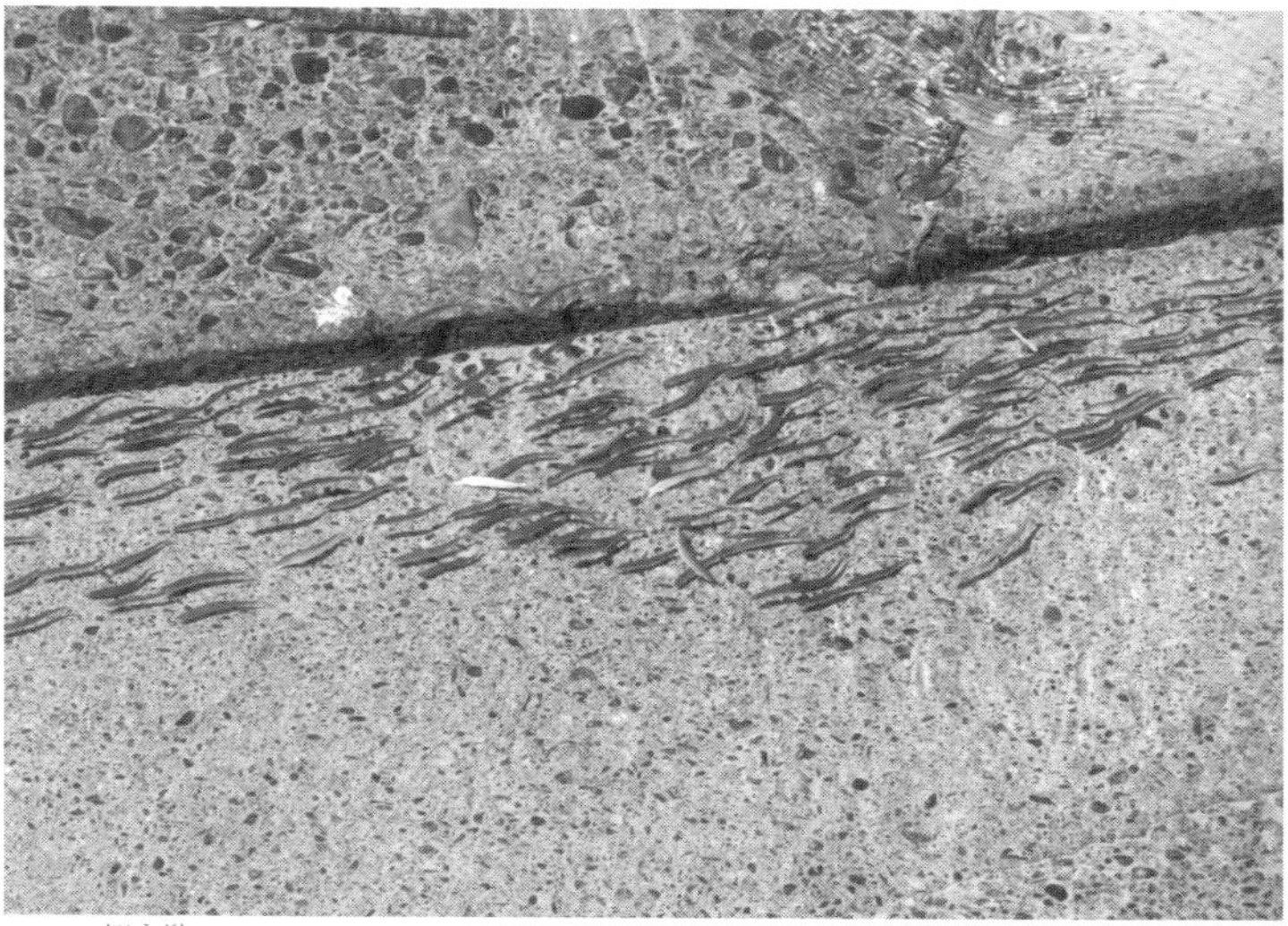

徳島県 海部川《かいふがわ》の魚道を遡上してきたアユの稚魚。
5㎝くらいで、キラキラ反転しながら順番に上がってきます。

川の管理者と流域のコモンズ

日本では行政が川の管理をしていますが、残念ながら、造ったえん堤を改修するといったことは手続きがなかなか大変です。

日本の河川管理について、少し説明します。

日本には、国や県が管理する一級河川・二級河川のほか、市町村長が指定した「準用河川」などがあります。平成30年は一級水系として109水系が指定されていて、その水系に注ぐ河川はすべて一級河川に区分されますが、約1万4000本の河川が指定されています。同様に、二級河川は2711水系で約7000本の河川、準用河川2524水系で約1万4000本の河川が指定されています。河川法に基づき指定されているこれらの川を合算すると、海に注ぐ水系ベース（河口ベース）で一級河川109、二級河川約2700、準用河川約2500、合計で約5300水系の川が陸地から海に注いでいます。まさに国土の血管です。

一級河川は、国土の保全または国民の経済上の観点から、とくに重要な水系として国土交通大臣が指定した河川です。二級河川は一級河川以外の水系で、公共の利害に重要な関係がある河川として都道府県知事が指定したものです。

そして日本各地には、3万5000本以上の川があります。それらの川が元気になれば、その川の数だけ、地域の魅力を発揮できると思います。これは地方創生のための地域ブランディングの差別化ポイントになるのではないでしょうか。

川を大切にすることは地域のよさや特徴を再認識することであり、新しい社会システムの可能性が芽生えることだと期待します。川をみんなの共有資源と考えること、防災を目的に川を封じ込めるのではなく、多くの地域文化や伝統を育んだ生業を思い起こし豊かに共有することが、いま求められる新しいコモンズの発想だと考えています。

生物多様性を再興する

地球温暖化は待ったなしです。私たちは何をすべきでしょうか。

環境省は、「ネイチャーポジティブ（自然再興）」を提唱しています。それは、生物多様性の損失を止め、回復軌道に乗せることを意味します。2030年までに「ネイチャーポジティブ」を実現することが、2050年ビジョンである「自然と共生する世界」の達成に向けた短期目標です。

自然資本を守り活かす社会経済活動を広げるために、気候変動や資源循環等の分野においても地域内外との連携も必要かもしれません。

ここで重要になるのが「新しい公共」の考え方で、モチベーションを高められるビジョンづくりが大切です。住民や企業、市民、そして行政が「ともに考え、ともにつくり、ともに育てる」ことがベストかもしれませんが、現実は甘くありません。地域を憂う誰か一人のリーダーの、強い意志から始まることがスタートだと思います。

２０５０年はまだまだ先のように感じますが、ほんの四半世紀しかないのです。そして人間がつくったものは人間が直すしか方法はありません。

どのエリアでも社会課題や地域課題を抱えていると思いますが、次世代に向けて、明日の明るい未来のために立ち上がりませんか。

2030 生物多様性枠組実現日本会議（J-GBF）

ネイチャーポジティブ宣言

私たち「2030 生物多様性枠組実現会議（J-GBF）」は、日本で開催された生物多様性条約第 10 回締約国会合（CBDCOP10）を契機に設立された「国際生物多様性年国内委員会（地球生きもの委員会）」（2010 年）・国連生物多様性の 10 年日本委員会（UNDB-J）（2011 年～）を前身として発足しました。国民・事業者・NPO・地方公共団体といった多様なステークホルダーが連携する形で生物多様性保全の取組を推進しています。

今回、生物多様性条約第 15 回締約国会合（CBDCOP15）において、2030 年までに生物多様性の損失を止め、反転させ、回復軌道に乗せること（ネイチャーポジティブ）の実現という新たな国際目標が設定されたことを受け、J-GBF は、以下の取り組みを進めることで、ネイチャーポジティブの実現に向けた社会経済の変革を目指すことをここに宣言します。

1．我々の社会・経済が自然資本に依存していることを自覚し、豊かな生態系を維持し回復させる社会経済活動の拡大に取り組む。
2．生物多様性による恩恵とそれによる人間の幸福をもたらすネイチャーポジティブの実現のため、脱炭素や循環経済、防災、地域活性化などの諸課題も含めた一体的な解決を目指す。
3．日本において育まれてきた、地域固有の自然観・文化・産業を尊重する自然資本の持続可能な利用・保全を推進する。
4．上記の取り組みに当たり、知見の共有、人材の育成、対話をはじめとするマルチステークホルダーの連携を重視する。

また、これらの取り組みを確実に進めるため、J-GBF によるネイチャーポジティブの実現に向けた社会経済の変革のための行動計画を今夏までを目途に策定します。

2023 年 2 月 28 日

2030 生物多様性枠組実現日本会議
Japan Conference for 2030 Global Biodiversity Framework

〔出典〕環境省ホームページ
「J-GBF ネイチャーポジティブ宣言」
https://policies.env.go.jp/nature/biodiversity/j-gbf/about/naturepositive/

第2節　教わったこと、残したいこと

なぜ川が好きになったのか、私自身の話をします。

子どものころ、夏休みは毎年、父の友人の長野県の農家によく遊びに行きました。そこの主は、上原康雄さんという川遊びの天才でした。

とくにびっくりしたのはイワナ獲りです。軍手をした右手を渓流の岩穴の奥まで突っ込み、「いいか、よーく見てろよ」とニヤリとすると、ほどなく掛け声とともに引き抜いた右手の4つの指の谷間のうちの3つに、丸々と太ったイワナの尻尾が挟まっていました。そのまま岸の草の上にのせると、オーバーではなく22㎝くらいの見事なサイズです。

それから、上原さんとの川遊びに夢中になったのは言うまでもありません。

おじさんが亡くなるまで弟子としてお仕えしましたが、この秘伝は盗めませんでした。

日本の川は豊かな生き物に恵まれていて、イワナは湧くほどいましたが、わずかな間に壊れてしまいました。

みんな昔はよかったというけど、取り戻さないといけません。自然には再生力があります。全部は無理でも、最低限は取り戻して次世代につながないと、人間は滅びちゃいます。

そして見つけたイワナの居場所

おじさんが亡くなるまで、とうとう教えてくれなかったポイントがあります。得意そうに見せてくれたビデオ映像、固定カメラで橋の上から撮影しているようなのに、どうしても場所がわかりませんでした。そこに映っているのは、対比物との比較から見て、軽く50㎝をオーバーしているイワナです。その周りを家来のように従いながら泳ぐ、これもゆうに尺オーバー（30㎝）のイワナがおよそ20尾以上いて、すべて大きな胸鰭に白い縁取りが正にイワナの証拠で、すさまじいとしか表現しようのない光景でした。

「何でも訊かずに自分で探せ」と言われて、でも発見できず、おじさんは墓場まで持っていってしまいました。

おじさん曰く、川の下には地下水脈がいろいろある、魚のマンションがあるんだ、とよく言っていました。そこは信濃川の支流で標高1000ｍくらいのところですが、そのイワナたちは降海型か降湖型のアメマス的習性のイワナか、それともたらふく昆虫や水棲生物を食って成長したマンション住人のイワナか、どちらにしても日本最長の信濃川は日本海とつながっているわけで、障害物さえなければ、遠路はるばる遡上するイワナがいても不思議ではありません。

これはいまだに時々妄想する、遠い私の記憶で、まさか後半生のテーマになるとは思いませんでした。

大人になってからのある夏の夕方、その付近のポイントでイワナ釣りに渓に入っていたら急な夕立がきて、うっそうと茂る木立の中の魚止めの滝で雨宿りしていた時のことです。2mくらい先の滝つぼでイワナがライズしました。私の二の腕よりも太い、白い斑点の美しいイワナが跳ねた瞬間、驚きとともに全身にサブイボが立ちました。

寒冷期のイワナはうまいです。痩せているけど、なぜか脂がのっています。ルアーを追ってくるので、水中に堆積している落葉をまとめてすくうと、イワナがピチピチ跳ねます。そこは僕の秘密の場所で、漁協はないですし、当時はセーフだったのです。

おいしい骨酒や刺身、塩焼き、最高です。それに天然自生のワサビもあるので、川の遊びにはこと欠きませんでした。

タラの芽と子熊とカジカと蛇

山菜の季節、春の山にも大切なことを教わりました。蕗《ふき》の薹《とう》から始まり、土筆《つくし》やタラの芽、ワラビ、ゼンマイ、ウド、コシアブラに、たくさんのことを教わりました。

「タラの芽の木にはトゲがあるけど、ない木もあるよ」と教わって、そっくりな毒のある木の新芽を採ろうとしていたら、地元のおじさんが慌てて止めてくれて、事なきを得たこともありました。聞くところによると、その新芽を食べるとかなり深刻な症状になるらしい。

それからは、知ってるものしか採らないようにしました。キノコもそう、ハナイグチとかわかりやすいものだけです。中毒は怖いですし。

タラの芽に夢中になっていた時に、タラの芽のすごい密生地を発見して夢中で採っていたら、熊手をもった地元のおじさんが出てきて、「採ったタラの芽を置いてけ」と怒られました。ポケットいっぱいにタラの芽が入っているのに、半分くらいを渡したら、おじさんは許してくれました。良き時代です。

春から秋はクレソンもおいしかったです。なぜか野生化したものが、山の中に自生していました。最高の贅沢は、クレソンを肴にウイスキーを一杯、ウイスキーグラス持参で川の水で割って呑むことです。なぜかクレソン食べると汗をかきます。ワサビだか辛子の一種なのでしょうか。

ハナイグチ
〔出典〕天然きのこ山菜.com
https://www.kinokosansai.com/

タラの芽
〔出典〕DELISH KITCHEN
https://delishkitchen.tv/

ホタル

あと、こんなこともありました。蛍の幼虫が怖かった夏の日のことです。十分大人でしたが、林道の奥の渓流の単独釣行はアドベンチャーでした。夏なのに水温は13～14度くらいで、たまたま水棲昆虫の羽化がありました。イワナが水中から飛び出すのが見えます。バシャ、バシャ、と出てくるけど、こんな無防備なイワナの饗宴はそれ以来見たことがありません。思わず見とれて、そしてハッと気づいたら山間の狭い空が青く染まっていて、急いで帰り支度をして山の急斜面を登り始めたときに、目の前に落ち葉に埋もれた緑色の蛍光色の物体（幼虫）がいました。落ち着けと、自分に言い聞かせました。あたりは既にとっぷりと日が暮れて暗～い山の中だけど、何かが緑色の糸を引くように飛んでいます。そうか蛍だ、ということは蛍の幼虫なんだ、と気付きました。

それから、禁漁期に入る直前の9月末頃、対岸に子熊を発見した時のヤバさとアオダイショウについてです。

釣る気マンマンで秘密の場所に釣りに行ったときでした。対岸の上の方からバキバキと音がします。何かと思ったら、カモシカくらいの動物が落ちてきました。岸近くまで落ちてきて、あっちもこっちを見ています。えっ子熊、ということは親も側に、と思った瞬間にぞくっとして、慌ててルアーを巻いてトップガイドにガチャ、目をそらさないように3mくらい後ずさりして、一気に退散しようとした一歩目の足元に立派な蛇がいました。踏んじゃいそうだったので、ジャンプして跨いで、あとは一目散に振り返らずに逃げました。

この日は散々な一日でした。釣れたのはなぜかルアーにスレでフッキングしたカジカのみで、あとは藪こぎで擦り傷がたくさん、でもなかなかできない経験の数々を、今でも思い出しながらニヤッとしている自分がいます。

自然は驚きとともにあります。信じられないことが起こります。そこに備わっているのは、森里川海、そしてつながっていることです。これらの自然の営みについて話したい。

「蛇を踏む」で文学賞を受賞した作家ＨＫ先生は、蛇を踏んじゃったところからストーリーが展開しますが、僕は跨いだだけでセーフ、踏んでいたら蛇女にとり憑かれて人生変わっていたかもしれません。蛇足です。

やがてそのサンクチュアリも、森林伐採により河床に泥《シルト》が入るようになりました。イワナもヤマメも小石の川底に産卵しますが、目詰まりするようになって、どんどん魚は減っていきました。悪いサイクルの繰り返しです。

昔はたくさんいた、はただのノスタルジックな回顧録であり、このままだと日本の川は死んでしまいます。

人間と生物が共生する森里川海

日本の河川には、水棲生物が川と海を遡上したり降海するのを阻害する、ダムを代表とする横断構造物が多くあります。今、水棲生物が子孫を残せる川にしないと手遅れになります。森里川海のつながった川がないと、日本の川はただの水路です。

なぜそこに「里」があるのか疑問に思うかもしれませんが、原野を流れる人里離れた川を除くと、すべての川と人間は関わりを持っているし、人間が手を加えた流れは人間にしか直せません。治水や利水の歴史は、本来の自然の地形を変えてしまったときに、大きな自然の力が元に戻ろうとする巨大なエネルギーで人間に猛威を振るうことを教えています。自然と人間の共存、自然と生物の共存、人間と生物の共存、それらはすべて関わりが深く、いろいろな社会課題そのものだと感じます。

いろいろな紛争、対立の根源は人種や宗教だったりするかもしれませんが、その対立軸の根源はどうも水のようです。そんな思い

河川上流部の砂が溢れているえん堤

自由に蛇行しながら流れている川

で、日本中というのは大げさですが、多くの川を河口ベースで訪ねて、興味のある川は上流まで見に行きました。日本には、河口ベースで約5300水系の川が陸地から海に注いでいます。まさに国土の血管です。


たくさんの川視察を重ねると、川の性格を考えるようになります。つまり「川格」、大事にされていない川はちょっと拗ねたような仕草があります。大事にされている川は品があるけど、ときどき騙されます。こんなに気丈に流れているのに苦労してるんだね、本当はこういう風に流れたいのにね、などと思うこともあります。

それにしても不思議です。川は流れることですべてを創造しています。本当に多情多恨で、万物の幸不幸を包み込んでいます。いつの間にか川にとり憑かれていました。

もっと川の本質を考えねばならない。そして次世代に自然の川を残したい。

第3節　自然な川、生きている川

川の源流にはいろいろな発生源があります。水源からの一滴がやがて川になり、山に降った雨や雪が解けて流れ出し、湧水として山のあちこちから流れ出し、少しずつ集まって、徐々に流れを形づくります。

そんな谷川には巨石がごろごろしていますが、互いに挟まり合い、噛み合って動かないようになっています。よほどの大水が出ない限り安定していて、表面に苔が付着していることが多く、それは石が動いていない証拠です。その苔が緑色であれば、泥水を被っていないということです。つまり、泥が出ない安定した川であることを示しています。苔むした石が残る川は水質良好な清流で、多くの生きものたちが棲んでいます。

自然の川の水は澄んでいて、そこには谷川の暮らしや文化が今なお息づいています。自然の川は、暮らしと共にあるのです。

それがちょっと雨が降るとすぐに、川が濁るように変化することがあります。調べてみると、上流の川岸の植林地帯で土砂

岩が噛み合って動かない
表面に苔が付着している安定した渓相

崩れが起きて泥が流出、泥が流出すれば渓流の底石に泥が堆積し、渓流魚たちはせっかく産卵しても安全なゾーンに卵を着床させられない。

それがアユの産卵域で起これば、アユだって同じことになります。これが渓流魚たちの生息数が減った原因のひとつです。

川から泥水が流れ出ると、河口から沿岸にかけて泥水が流れ出し、海にも深刻な影響を与えます。海底に沈殿して海藻は泥をかぶり、生存を脅かされ、磯焼けの原因になります。

河畔林がつくる昆虫、鳥類、魚介類などの生活の場

河畔林は本当に大切な河川流域の森林で、多くの大切な役割があります。広くは下流の湿地林も含めて水辺林ともいいます。

各地域の気候や環境の違いに応じて多様な樹種が棲み分けていて、冠水に強い樹種ほど水辺近くに生育します。

この河畔林には多くの大切な役割があります。様々な生き物たちの食物連鎖により栄養が循環します。まずは、河畔林によって日射が遮断されて木陰ができると、冷水を好む魚類たちの生息場所になります。

倒木や流木が川の周りに隠れ場所、越冬場など、あらゆる水棲生物や陸上動物の好む生息しやすい環境をつくります。

そしてスモールワールドの中で、人知れず様々な生き物たちの食物連鎖により栄養が循環しているのです。水棲昆虫や陸生昆虫、魚介類、爬虫類、哺乳類、鳥類など、あらゆる生物に生活の場を提供しています。

しかも、土砂や窒素、リンなどを林内で捕捉・ろ過し水質を浄化する機能がありますので、汚染源のある平野部でより重要です。

無計画な河畔林の伐採は、再生に100年レベルの歳月を要しますので生物多様性を損ないます。現存する天然林の保全はとても大切です。

もし再生事業を始める場合は、地形的に適した地元産の郷土種を利用するなど、前もって計画的に進める必要があります。

〔**参考文献**〕
北海道立総合研究機構　林業試験場「河畔林のはたらきとつくり方」
https://www.hro.or.jp/upload/3430/kahanrin.pdf

ハリガネムシとイワナ・ヤマメの関係

ここで、ハリガネムシという世にも珍しい類線形動物の生態をご紹介します。

水辺林には多くの生物が住んでいますが、その中でもハリガネムシは巧みに生きるおもしろい生活史をもっています。

ハリガネムシは体長数㎝から1ｍに達し、直径は1～3㎜と細長い類線形動物です。成虫は、成熟すると宿主の体内から脱出し、淡水中で自由生活しますが、そうなる前まではカマキリやカマドウマ、バッタ、キリギリスなどといった昆虫類に寄生しています。

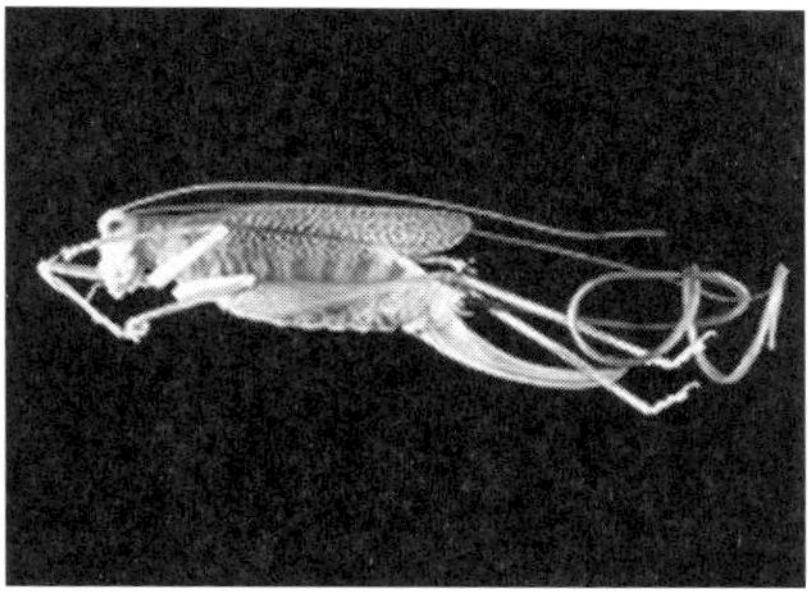

ハリガネムシと宿主のバッタ
〔出典〕ウィキペディア「類線形動物」
https://ja.wikipedia.org/wiki/類線形動物

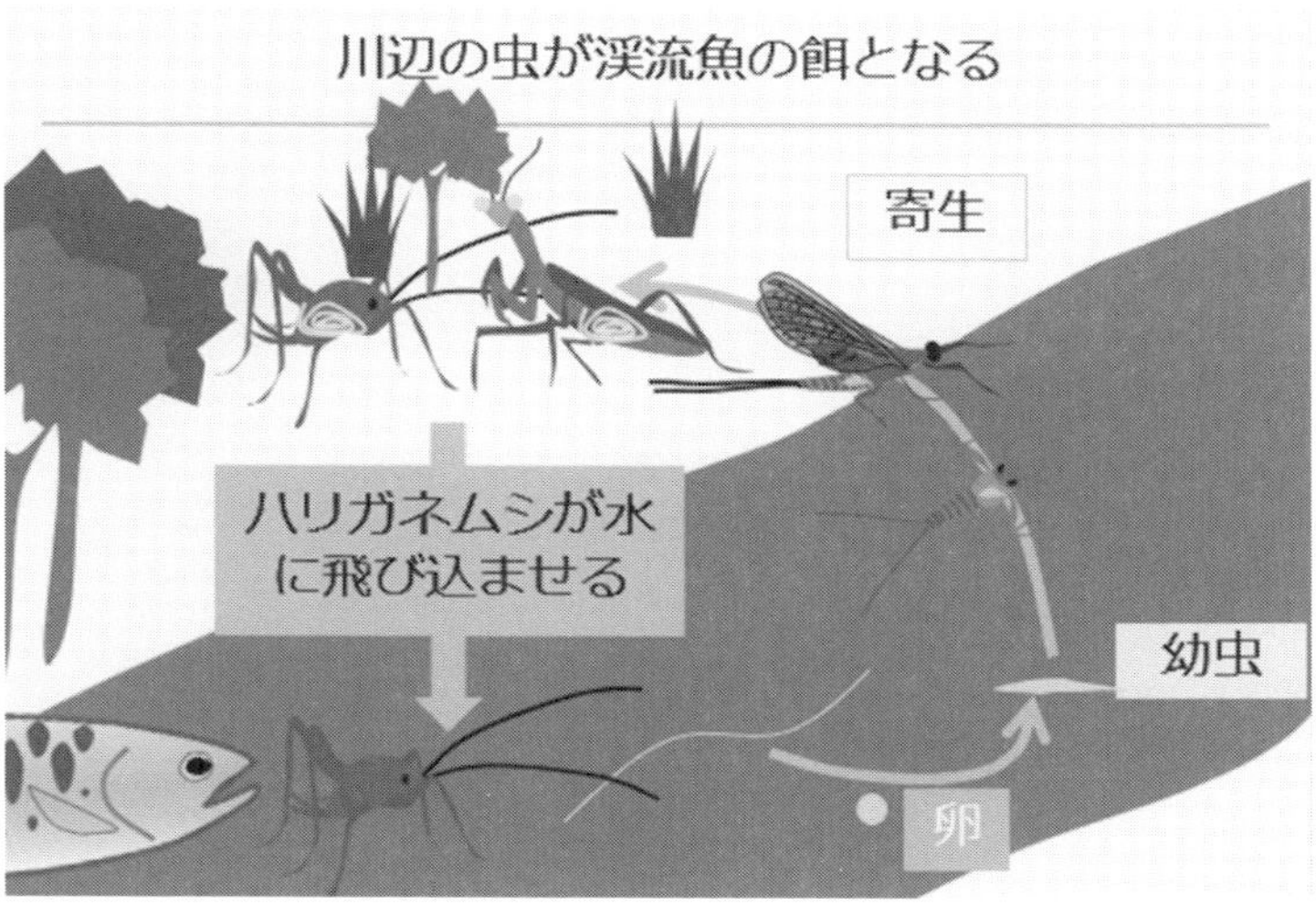

〔作成〕渡辺修二先生
岩手県立博物館
主任専門学芸員 博士（農学）

川で自由生活する成虫は産卵し、卵から孵化した幼生は川底でうごめき、やがてカゲロウなどの水棲昆虫に捕食され、その腹の中で休眠します。その水棲昆虫たちが羽化して飛び立ち、カマキリやカマドウマなどの陸上生物に捕食されると、また寄生して腹の中で成長します。

この先が脅威なのですが、やがて成虫になったハリガネムシは、宿主の脳にある種のタンパク質を注入し、宿主を操作して水に飛び込ませるのだそうです。やがて宿主が捕食者に食べられた場合は共に死んでしまいますが、その前に宿主の尻から脱出すると、流れの緩やかな川などの水中で自由生活して交尾・産卵を行います。

ハリガネムシの生態系において果たす役割ですが、洗脳されて川に飛び込んだカマキリやカマドウマなどの昆虫はイワナやヤマメ、アマゴなどに捕食され、渓流魚の貴重なエネルギー源となります。渓流のサケ科の魚が年間に得る総エネルギー量の約6割を、なんと秋の3か月程度の間に川に飛び込む寄生された昆虫類が占めているのだそうです。

ダイブしてくる昆虫類が主食になると水棲昆虫はあまり食べられなくなり、水棲昆虫類の餌である藻の量が減り、落ち葉の分解速度が促進されます。また実験で昆虫類を飛び込ませないようにすると、魚は水棲昆虫を食べるようになり、その結果、藻が増えて落ち葉の分解が遅れ、生態系が変わってしまうそうです。

このような経緯のなかで、ハリガネムシも一緒に魚に食われることもあるようですが、その数は少ないそうです。というのも、宿主昆虫が水中に入ってすぐに脱出でき、もし食われても口やエラから脱出可能だそうで、宿主と共に食われてしまう例は少ないのです。その点で、ハリガネムシの受ける害は多くありません。

さらに、宿主昆虫を渓流魚たちが食うことで水棲昆虫が減少しないことは、ハリガネムシにとっては翌年に生まれた幼生が侵入する中間宿主が多数存在することを意味するので、むしろメリットとなるそうです。

ハリガネムシのような寄生虫が森林と河川の生態系に影響を及ぼしていること、自然界で繰り広げられる生態系のメカニズムに、驚きを隠せません。

イワナとヤマメの生態

次に、イワナとヤマメ（アマゴ）についてご紹介します。

イワナはサケ目サケ科イワナ属の魚です。ヤマメは、サケ目サケ科に属する魚・サクラマスの一生を河川で過ごす河川残留型（陸封型）の個体のことです。

イワナとヤマメは川の上流域に生息しますが、イワナの方がやや冷水を好みます。それぞれが単独で生息する川ではどちらの魚も上流域を占有しますが、両者が生息する川では混在しません。最上流域をイワナが、そして上流域のある地点を境にそれより下流をヤマメが占有することが、棲み分けの一例としてしばしば紹介されます。しかし人間本位の河川改修や放流により棲み分けができなくなると、「カワサバ」とよばれるイワナとヤマメのハイブリットの交雑種が誕生します。繁殖力はないと言われていますが、どのように変異するかはわかっていません。

イワナもヤマメも他のサケ類と同様に成長過程で海に下り、成熟して川を遡上する降海型の生活史をもっています。しかし両方とも冷水環境を好む魚であり、温かい海には下らず、冷水の流れる河川の源流付近に一生とどまる陸封型の生活史をもつ場合が多いようです。

イワナ類では、降海型の個体群は「アメマス」とよばれ、北陸地方以北や北海道に分布しています。ヤマメも寒冷な北海道や東北など緯度の高い地域では降海型が多く、「サクラマス」と呼ばれます。しかし中部以南の緯度の低い地域では、標高の高い冷水域に陸封される傾向が強くなります。


そんなわけで、イワナやヤマメなどの渓流魚にとって好適な環境は、日陰になって水が冷たいことが大切です。川底が砂や小石、蛇行しながら流れる瀬と淵があり、干潟ができていて周りに虫が多いなど、そんな環境を好みます。

両者とも貪欲な肉食性で、動物性プランクトン、水棲昆虫、他の魚、河畔樹木から落下する虫などを食べます。川辺の虫が餌となりますが、トビケラ・カゲロウ・カワゲラの幼虫などの水棲昆虫や陸棲昆虫やクモなども大好物です。餌の半分以上が陸の虫だそうですが、ハリガネムシが暗躍している影響でしょうか。

自分で釣ったアマゴで、ヤマメの亜種です。すばらし美魚でした。

また、川が育む生命地域主義《バイオリージョナリズム》の視点ですと、微生物から昆虫、魚、動物、鳥（ミサゴなど）までの食物連鎖の中で、中心を担うのは河畔林ということになります。

海とつながっているアユの生活

アユは年魚ともいわれますが、成魚は川で生活し、秋に川の下流域で産卵したのち、1年間でその一生を終えます。越年する個体もいますが、まれです。川の下流域で孵化したアユたちは海に下ります。生まれてから3分の1程度の期間を海で生活したのち、春に川を遡上していきます。キュウリウオ目に分類されていて、シシャモやワカサギなどの仲間です。

もう少し詳しく説明すると、アユたちは早春に海から遡上、春から夏

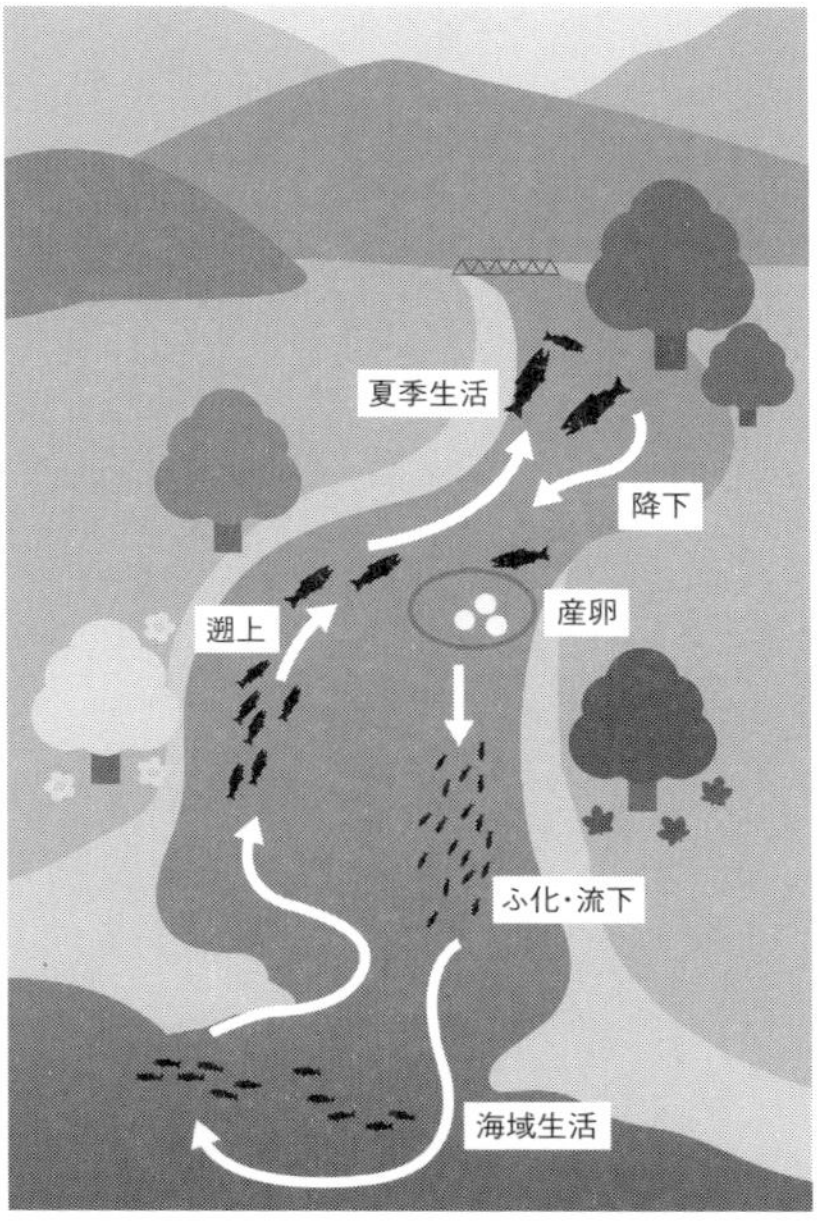

アユの生活史

にかけて中流部から上流部で生活し、秋が近づくと河川を下って、下流域にて産卵します。産卵に適した河床は、粒の小さな砂利質で泥の堆積のない、水通しがよくて砂利が動く場所です。

そのようなポイントに複数のアユが集まり、いっせいに産卵放精します。よってアユを資源保護するためには、河床を掘り起こし水通しをよくするなど、河床を産卵に適した環境に整備することがとても大切です。

アユの受精卵は2週間ほどすると孵化して、海あるいは河口域に流下し、春の遡上に備えて海で生活します。生まれたての仔魚は全長約6㎜くらいで、河口沿岸の海底が砂利や砂地の地域を回遊し、餌は動物性プランクトンなどです。全長約10㎜くらいになると徐々に河口域の浅所に集まり、4月から5月頃、体長5~10㎝になると稚魚たちは川を遡上します。

この頃から体型は成魚に近づき、歯の形が岩の上の藻類を食べるのに適した形状に変化します。稚魚は水棲昆虫なども食べますが、徐々に石に付着する藍藻類《らんそうるい》や珪藻類《けいそうるい》を主食とするようになります。アユが岩石表面の藻類を食べると、岩の上に独特の食べ痕が残り、これを特に「食《は》み跡《あと》」といいます。アユを川辺から観察すると、藻類を食べるためにしばしば岩石に頭をこすりつけるような動作を行うのがわかります。

多くの若魚は群れをつくりますが、とくに体が大きくなった何割かの若魚は、餌の藻類が多い場所を独占して縄張りを作るようになります。縄張りを持つようになったアユは、ヒレ縁や胸に黄色斑を帯び、精悍なシルエットになります。この縄張りは約1m四方で、侵入してきた他のアユには体当たりなどの激しい攻撃を加えます。この性質を利用してアユを掛けるのが「友釣り」です。

夏頃までは灰緑色だった体色は、秋に性成熟すると、「さびあゆ」と呼ばれる橙と黒の独特の婚姻色に変化します。その後、産卵のため下流域への降河を開始します。

ここで重要なことは、海と川がつながっていることがいかに大切かということです。

横断構造物や魚道が水害などの原因で破損したままで放置されていると、海から上がってきた稚魚たちの遡上を妨げる原因となり、結果、その場にとどまって成長できずに餓死してしまいます。また産卵のため下流に下ろうとしているアユたちも、魚道を下りることができず、産卵適地に到達することなく、世代継承が不

アユ

アユの食《は》み跡《あと》

発に終わります。

川には、その規模によるキャパシティがあります。

当然、川によって、アユの生息可能数と藻類など餌の供給量や自由に活動できる流域面積などには密接な関係があります。川を管理する自治体や漁協、地域の人々が、川の実態を正確に把握し、日々常に変化する水棲生物のコンディションを把握して対策を講じることが、生物多様性や生命地域主義にとって大切です。またそれが、地域循環型経済、ひいては地方創生の重要なカギとなるのではないでしょうか。

養殖アユが放流されたのちに野生化して子孫を残せるかという視点では、放流効果は乏しいことがわかってきていますが、その詳細につきましては専門家にお任せします。

生きている川とは、有限の資源を人間に守られている川ということができます。

第4節　壊れる川、かわいそうな川

川が壊れるはじまりは、ダムなのでしょうか。

ダムには、洪水調節や河川維持流量の供給、利水補給、発電などの様々な機能があります。「緑のダム」と言われる森林には保水力があり、雨量を調整し災害を防ぐ役割を果たしますが、その保水力を超える雨量の場合には飽和状態となります。また渇水時に利水補給効果はあまり期待できないため、必ずしも十分な治水・利水の効果があるとはいえません。

そのため、洪水や渇水を防ぐためには森林とダムの両方が必要といわれていますが、このままの治水・利水でいいとはとてもいえない現状が数多く見受けられます。

それでは、ダムはどのように機能し、どのように自然環境や川を壊すのかを、ここで具体的に考えてみたいと思います。

ダムや堰《せき》がある川の流れ

日本の川には非常にたくさんのダムや堰《せき》があります。

法律では高さが15m以上あるものをダムと呼び、それより低いものを堰《せき》と呼んでいます。その数は全国でダムが3千以上、砂防えん堤は6万以上、治山えん堤は何十万もあって数えきれません。

もちろん、ダムや堰《せき》の建設には多くの社会課題・地域課題などを解決する目的があり、その是非を問うつもりはありません。しかしそこにどのような問題があるのか、それらの横断構造物に対してどう向き合うべきなのかをいま一度整理してみたいと思い、まとめてみました。

まず横断構造物ができることで水の流れがせき止められますが、川を流れるのは水だけではありません。細かく分けて考えると、石、砂、泥、微生物や落ち葉など様々です。そのことをよく考えた治水と利水がなされている川は、有限の資源を人間に守られていて、生きている川と評価することができると思います。しかし多くの場合、そこに大きな問題があるようです。

これだけの急流を擁する日本の河川ですから、うまく治水と利水をコントロールしなければならないのは当然です。人間が手を加えたものは必ず壊れます。そしてそれを直せるのは人間だけ、ということです。

一番大切なのは、国政・地方行政を含め、地域住民が郷里の川がいかに大切なものであるかを理解したうえで、治水・利水について対策を講じることです。

皆さんには、郷里の川をこれ以上壊さないためにどうしたらよいかをまず考えてもらいたいと思います。

自然を破壊することにより人間が被るダメージは、想像をはるかに上回ると思っています。私の心の故郷である長野県の川も、ダムができてから壊れましたし、魚のマンションも埋まってしまいました。

雨が降れば川が濁るのは当たり前、本当でしょうか。川や自然が壊れるその始まりは、どうもダムなどの横断構造物とどう向き合うかに関係があるのでは、と考えています。

川を流れるのは水だけではありません。土砂やその他にも、様々な流下物があります。

アーマーコート現象の川底

あまり大きいダムをイメージすると複雑な要素が多くなりますので、中小サイズの横断構造物をイメージしていただければと思います。

横断構造物によってダム貯水池が出現することで、動植物の生息・生育の場を横切るように分断することがあります。新たな環境が生まれる一方で、水没などによる在来生物の生活環境が減少・消失し、物理的に河川の上下流方向の連続性が損なわれるなど、様々なかたちで動植物の生息・生育環境に変化がもたらされます。

ダム上流での変化としては、ダム貯水池には一定期間、水が貯留されることになるため、ダム上流域の土地利用等に起因する流入水の窒素、リン濃度や貯水池の回転率、周辺の気象条件等によっては、富栄養化現象が発生しやすくなります。

洪水時には土砂を含んだ水が貯水池に流入しますが、流入する土砂の粒径や量、ダムの運用方法等によっては、河川における濁水の長期化といった現象も発生する可能性があります。

ダム貯水池は一般に水深が深く、気象条件によって水深方向の水温分布が大きく変化することから、取水深によっては、冷水現象、温水現象が発生し、魚

ダムから流れ出した砂利
〔出典〕流域の自然を考えるネットワーク
http://protectingecology.org/

アーマーコート現象について

河床を構成する材料のうち細粒部分が流水によって運び去られた結果、粗い礫のみからなる層によって河床が覆われ自然の平衡状態が出現する。これをアーマーリングといい、粗い礫からなる河床面の層をアーマーコートといいます。

要するに、上流側にダムができたことにより、流量の減少、土砂供給の減少、などにより今までほどよく供給されてきた土砂がうまく供給されなくなってきており、河床に堆積していた細かい細粒分（砂・シルトなど）が洗い流されて、大きな粗粒分（礫）のみが残ってしまう現象です。

〔出典〕土屋昭彦編「図解河川・ダム・砂防用語事典」
山海堂（1981）

類やその他の水棲生物の生息・生育への影響や用水供給を通じた農業への影響などが発生する場合があります。

次にダムの下流についてですが、年月の経過とともに、ダム貯水池には洪水などによる石、砂、泥などが堆積します。大きな石はそこでせき止められ、堆積した小石や砂は水と一緒に流れ出して、横断構造物の下流に流出します。それらの小石や砂は下流の石を押し流す大きな力を発生します。

そうすると川底が固くなり、アーマーコート現象が発生します。この現象の説明は難しいですが、河床がゴツゴツして鎧化することで、魚類の生息にまったく適さない環境になります。

やがて下流の河床は下がり、取水による水循環経路の大幅な変化などにより、下流河川で無水・減水区間の発生や水量の減少による水質の悪化などが発生することがあります。水量、水質に影響が発生することにより、下流河川の水棲動植物全般の生息・生育環境等にまで影響が及びます。

川は国土の血管

川と自然、ダムについて整理すると、日本の河川の歴史は治水と利水の歴史でもあることがわかります。日本は国土が狭く、河川が極端に急勾配で、世界的にみても比類なき環境といえます。

水争いによる流血沙汰は、古来から昭和初期まで、全国各地で続いていました。これらを解決すべく、ダム建設が盛んに行われてきました。しかし近年では、こうしたダム事業に対して様々な観点から意見が述べられるようになってきました。

繰り返しになりますが、川は日本の国土の血管です。川が健康を取り戻すことが重要なポイントになります。人間の健康になぞらえるならば、血流がスムーズであることと同じことです。そうでありさえすれば、多くの病気や課題を克服できることでしょう。大動脈だけよければいいわけではありません。毛細血管の血流もとても大切です。スムーズな血流であれば日本中の各地にたいへんよい循環が生まれ、地域循環型の経済へとつながります。

地球課題である自然と共生する世界をめざすには、地域の各産業関係者が生物多様性と横断構造物の関係性を真剣に考えることが大切です。

治水と利水の視点はもちろんですが、その次に環境がくるのではなく、環境から遡って決めていく利水や治水が必要です。それが生命地域主義です。

川底は卵を育てる

川の危機に対してたくましい活動をしている団体のひとつに、北海道「流域の自然を考えるネットワーク」があります。そのホームページから、川で産卵するウグイやサケの卵の様子を、写真も借りて引用し紹介します。

春先、ウグイが川の上流に集まり、川底に産卵します。
秋になるとアユが川を下り、川の下流で川底に産卵します。
東北や北海道では秋にサケが川に上り、川底に産卵します。
ウグイの親は卵を産むとどこかへ行ってしまいます。
アユやサケの親は産卵後、一生を終わります。
親は卵を川底に産みっぱなしにして、卵を置き去りにするのです。

そして初夏、川岸にウグイの子どもたちがたくさん泳いでいます。
翌春、アユの子どもたちが群れをなして川を上ってきます。
北国では早春、川岸にサケの子どもたち

ウグイの産卵
〔出典〕流域の自然を考えるネットワーク
http://protectingecology.org/

が群れています。

親がいなくても卵はちゃんと育っているのです。

いったい誰が、卵を育てたのでしょうか？


魚たちは、我が子を川に託しているようです。


水は高い方から低い方へ地表を流れたり、地中に染み込んだりしながら、川となって流れています。

川底の石と石の間の隙間を、水が通り抜けていきます。

地表から地中に浸透した水は地下の地層を通り抜けて、川底の石の間からも湧き出してきます。

卵は川底の石の間の水が通り抜ける場所に産み落とされていたのです。

卵は常にきれいな水にさらされながら、常に水が入れ替わる川底の石の間で、酸素をもらいながらすくすくと育っていたのです。

親はこうした場所であれば、卵が育つことを知っているというわけです。

親は卵を産みっぱなしにしたのではなく、我が子の命を川に託していたのです。

親がいなくても卵が育つ、この仕組みこそが、川に備わった「生命を育む川のしくみ」なのです。

すぐに濁る川では卵は育つことができない

氾濫後に堆積したシルト

〔出典〕流域の自然を考えるネットワーク
http://protectingecology.org/

すぐに濁る川では卵は育つことができない

昨今の川は、増水すれば必ず泥水が流れます。ちょっとした雨でも泥川になります。2〜3日もすれば水は澄み、綺麗になり、水質を測れば「清流日本一の川」と評価されます。しかし、泥水が流れた後の川を、よく見てください。

水がきれいになっても、川底の石の間に大量の微細な砂・シルトが堆積しています。石の間が泥で埋まってしまえば、水や酸素は石の間を通り抜けられません。そこに卵があれば窒息してしまいます。こうして魚が絶滅していきます。

魚が卵を産み、卵から魚になり、大きく育って卵を産むまでには、ダムや堰だけでなく、地中も含めた川の流れ、川底の砂や石の状態、そして水質などの自然の状態が守られていなければならないのです。

〔参考文献〕
流域の自然を考えるネットワーク
「生命を育む川の仕組み」
http://protectingecology.org/structure/structure04

第2章　川と生きる地域
――カワイイ川の事例

第1節　カワイイ川とは

この章では「カワイイ川」とはどんな川か、具体的に紹介します。

カワイイ川はいつの時代にも人とともにあり、流域の人々にずっとかわいがられていて、その姿を今にとどめている川です。衣食住のすべてと密接に関わっていて、飲み水にはじまり炊事や洗濯にいたるまで、川の恵みを与え、食材を洗ったり冷やしたりと利用されてきました。

今までその美観を保てたのは、先人たちの努力に他なりません。流域の先人たちが地域の共有財産として守り続けてきたこと、上流から下流の人々の想いがあればこそ、河口までのすべての流域が保たれ、カワイイと感じられるのです。

私はその共有財産としての意識を、タテとヨコのコモンズを持ち続けることだと考えています。タテは先代から受け継がれた川を守ること、ヨコは今に生きる人々の豊かなつながりです。

タテとヨコのコモンズの精神を持ち続けることの大切さが、守られるべき川の資質なのです。

私の考える資質は次のようなものです。

まず、たおやかな流れのあまり大きくない川は素直に美しい。山あいを縫って流れる清流には、えもいわれぬ美しさがあります。風が生まれ、川のよい匂いがします。

次に、くねくね湾曲していて、瀬と淵があることです。里山にある小宇宙のようです。潜ってみてください。水の中から水面を見てみると、川の生き物たちから見た世界やゆらぎが見えます。くねくねとカーブしながら淵をつくり、瀬をつくりまた淵、それを繰り返している渓流には湿地があり、たくさんの水棲生物がいます。中流から下流へと流れながら、やがて河口付近で汽水域となり、海につながっていきますが、川と海の出会いにも多くの人々の交歓があるような川です。

あとは周りにご当地の情緒があることです。

歩いてみてください。時間旅行、いたるところに人間が開墾した足跡、古い苔むした石垣や段々畑の跡があり、昔の生活が偲べます。流域の人々の生活のための利水と川の恵みが融合していて、川の名前や地名、地番、伝統行事やお祭りなどに地縁を感じるかもしれません。

名前の謂れを妄想してみてください。それは先人との語らいであり、その地域を愛するということです。

もしどこの川に行きたいかと問われたら、少々悩みますが、長野県の清流に行きたい。当時の面影はすでになくなっているかもしれず、何がそこまで記憶に残っているのかわからないのですが、春から夏にかけての川の匂いが好きだったのだと思います。植生、水棲生物、水がつくりだすアンサンブルが妙に印象に残っています。そこには、その流域に住む人々の共有の精神、コモンズが底流にあります。

やはり何といっても、地域住民の川に対する愛情がないと、川は駄目になります。住民、企業市民、そして行政が、「ともに考え、ともにつくり、ともに育てる」ことが理想的ですが、待ったなしに川は壊れていきます。


清流に潜ったことがありますか。魚や昆虫などたくさんの水棲生物がいます。川には思わぬ発見があり、観察するとおもしろい。魚などを発見してよく見ると、人間と同じで季節や時間でやる気のあるなしがわかります。

実際に川に入って捕まえて、様子を観察してみましょう。共有と不可侵を感じます。それが自然との付き合い方なのです。水中から水面を見上げると何とも言えない陸地の景色がみえますが、これが彼らからみる地上なのかと思います。


このようにして、どこかの地域や川を好きになってリピーターになってもらう地方創生、オーバーツーリズムではなく100人から始まる地方創生、それを支援する自治体、そんな関係性がいいと思います。

何より大切なのは、「新しい公共」に関心を持ち訪問する旅行者とそれをもてなす地域の人々の交流です。２度目の再会は、川とその人に逢うための訪問になることでしょう。私たちはそれが理想だと考えています。

おのずと産地と消費地の連携も生まれてくると思います。ヨコ（ナナメ）のコモンズと表現すればいいのでしょうか。それをつくるのは産地の人々、消費地の人々、両方の歩み寄りです。時空を超えたコモンズを現実のものにします。

第2節　野根川《のねがわ》

——高知県と徳島県の県境の川

初めて野根川《のねがわ》を訪れたときに衝撃を受けました。この中規模の川でこんなに水のきれいな川があるのか、と思いました。岸辺の岩場をよそ見しながら歩いて、転んでウェーダー（腰までの長靴）に石が刺さり、穴が開き、血が出るという衝撃的な出会いでした。

高知県東洋町を緩やかに流れ、太平洋に注ぐ野根川《のねがわ》は、際立った水質を誇る二級河川です。しかしこの素晴らしい野根川《のねがわ》周辺の自然環境も微妙に変化し、天然アユも残念ながら減少の一途を辿っていました。近海においても、この20年で海藻や魚の種類に明らかな異変が生じている

ようです。

そんな東洋町甲浦《かんのうら》の湾内には、世界的にも珍しいテンジクザメが産卵にやってくるポイントがあります。それはきっと、現時点では辛うじて「川と森と海」のバランスが保たれていることによる自然の恵みだと思います。

この川にはいくつかの課題がありますが、川を保全する努力で、より素晴らしい世界に誇れる川になるだけの資質があると思いました。次の世代の若者たちに、貴重な野根川を保全して受け継いでいきたいと思います。

野根川《のねがわ》の源流は、高知県と徳島県の県境に位置する貧田丸《ひんでんまる》が源流です。源流点は標高600m、その流程は約30㎞で真ん中辺りが県境です。上流は徳島県で、高知県に入る中流から河口にかけてはなだらかな勾配の川で、年間降水量は日本の平均降水量の倍近く、6月と9月はとくに雨が多いです。

野根川の景観

しかし、河口から6㎞の間は砂礫層で水を吸い込みやすい地層、夏に瀬切れするのは地層に関係があるかもしれません。

水が豊富な割には傾斜が緩やかで、発電設備などの開発の手が伸びなかったため、「水は県下随一」と地元で自画自賛されるほど美しい。

川の改修事業をはじめる

それから数年の歳月を経て、高知県東洋町の行政の職員の皆さまをご紹介いただくことができました。野根川《のねがわ》は相変わらず素晴らしい水質の川だけれど、アユの遡上数が激減していることを知りました。野根川《のねがわ》には4基の横断構造物あり、その多くは、アユなどの海と川を行き来する通し回遊魚にとって、海から遡上するのにも産卵期に川を下流に移動するのにも適していない状況でした。もともと魚道はありますが、長年の水流の影響でいろいろな箇所が壊れているのです。

どうすればいいのだろう、このままだとせっかくの清流もダメになってしまう。それに魚が海や川を自由に行き来できるよう横断構造物を修理したり周辺環境を整備したり、そんなことがどうやってできるのか。

そんな折に、高知県東洋町長より「野根川《のねがわ》プロジェクト」をスタートさせるとの英断をいただき、河川改修費用を予算化していただきました。約20年前に野根川《のねがわ》は、「清流めぐり利きアユ会」というアユの全国品評会でグランプリを受賞しています。目指せ、2度目のグランプリ獲得です。

アユ、魚類全般、植生、地質の学者や専門家の皆様にお集まりいただき、徹底的に野根川《のねがわ》を検証していただいた結果をもとに、野根川《のねがわ》の改修計画を策定し、野根川《のねがわ》を保全して地域を活性化する事業を開始しました。

野根川《のねがわ》は高知県東洋町と徳島県海陽町の県境、通称・南四国アイランドを流れて太平洋にそそぐ二級河川です。1000m級の山を源流としていて、約30kmでダムのない、考えられないほど透明度の高い清流です。

まずは野根川《のねがわ》の環境と生態の調査、横断構造物の改修設計図、土木事務所への申請をしました。アユの調査と改修工事はアユ研究の第一人者である高橋勇夫氏と近自然河川研究所・有川崇氏にお願いし、東京からは魚類図

天然アユ

長峯新魚道

鴨田えん堤

鑑の総監修などで著名な魚類学者の井田斎氏、植物学者の伴邦教氏、地質学では藤岡換太郎氏が集まってくれました。この調査により、野根川《のねがわ》は部分的な改善でかなり復元できるとの調査結果をいただきました。

野根川《のねがわ》は数カ所の魚道改修により、天然アユの遡上できる環境がよみがえってきました。

農業のため、そして林業のための治水

野根川《のねがわ》はその昔から、決して静かな川ではありませんでした。

記録によると、藩政時代は雨が降り続くと大洪水となり、日照りが続くと下流の方にはさっぱり水が流れないという、極端な現象をみせていました。天保年間に時の庄屋と総老により用水路が設置され、その後の農民たちのたゆまぬ努力による堤防の建設によって、川は次第に安定していきました。

藩政時代から明治・大正時代にかけては、林業と造船で栄えました。上流の木材を伐採して、イカダを組んで上流から流し、河口で水揚げしたのちに甲浦港《かんのうら》から船積みして阪神方面に出荷しました。

当時、野根川《のねがわ》村は61隻の回船を所有し、造船所としても栄えたといいます。

野根川《のねがわ》の歴史はそのまま治水工事の歴史であり、野根の盛衰記でもあるのです。

通し回遊魚と針葉樹の河畔林

それでは魚はどうでしょうか。

野根川《のねがわ》の特徴として、海と川を行き来する通し回遊魚が一番多く、アユ・アマゴ・ウナギ・オオウナギ・ハゼ類や、希少なアユカケも生息しています。それらの多くは海から川に、それも上流部まで遡上する性質があります。河口にはヒラスズキやアカメもいます。在来種を主とした魚の生態系があり、ブラックバスやブルーギルなどの外来魚はいません。

アユはそれぞれの川によって特徴があります。野根川《のねがわ》のアユはやや小ぶりですが、香りが上品で生臭さが少ない。また身はしまって固く、骨と皮はやわらかい。

したがって、姿寿司やセゴシ、もちろん塩焼・煮つけ・干ぼしなどもとてもおいしいし、ウルカも絶品です。天然アユの復活による経済波及効果ははかりしれません。

また野根川《のねがわ》の中・上流域は、スギ・ヒノキ植林と温暖帯の2次林です。一部の原生林は「環境省特定植物群落」に指定されています。自然林への自然更新に期待するも、この辺りの河畔林は樹齢豊かな針葉樹林地帯で、お見事です。

伏流水と流域米で純米酒

そんな折に酔鯨酒造の大倉社長が野根川《のねがわ》を視察し、その水のきれいさと改修計画の取り組みに賛同して、野根川《のねがわ》保全の追加工事への協賛と野根川《のねがわ》の伏流水と流域米で仕込む純米酒を造ってくれることになりました。純米酒「香魚《こうぎょ》」の誕生です。野根川《のねがわ》のアユと、野根川《のねがわ》流域の米と、その伏流水で仕込んだ純米酒を味わう。

これぞ日本の食文化であり、日本の風雅です。

獲れたての天然アユを塩焼きで

酔鯨「香魚《こうぎょ》」野根川《のねがわ》の水と米で、野根川のアユに合う酒を造りました。
〔出典〕酔鯨酒造株式会社ホームページ
https://suigei.co.jp/

時間を超え、地の歴史を感じる場所

野根川《のねがわ》を歩いていると、過去との対話をしているかの錯覚を覚えることがあります。この川に接しているとき、私は現世ではなく過去世の人々と対話をしているような、えも言われぬ心持ちになります。

言葉にすると変な表現ですが、現世に生きて共有するものをヨコのコモンズとするなら、タテのコモンズとでも表現すればいいのでしょうか、先人とつながっているような、時代を超えた共有感のような何かを感じています。それは川沿いにある農耕の跡や石垣、何かを採掘した跡地、馬場だったような構造の広場などからです。

それからかなりの年月を経て、歴史学者・郷土史家の原田英祐氏から日本書紀ほか地域史の文献をいただき、おもしろい地史をうかがうことができました。

卑弥呼が活躍した3世紀と、大和王権が誕生する間の空白の4世紀のことになるでしょうか。そんな時代に鷲住王《わしずみおう》が脚咋別《あしくいわけ》を治めていたそうです。

鷲住王《わしずみおう》は讃岐と阿波の海部《かいふ》の祖であり、相撲の神ともいわれる力持ちの自由人であったそうです。鯽魚礒別王《ふなしわけおう》の子どもといわれ、妹の2人「太姫郎姫《ふとひらのいらつめ》」と「高鶴郎姫《たかつるのいらつめ》」は17代履中天皇（400〜405）の妻となっています。履中天皇は鷲住王《わしずみおう》を呼び寄せようとしたが行方がわからず諦めたとされていますが、とても行動的で、讃岐・阿波・土佐方面の海部《かいふ》の村々で活躍していたようです。また、日本書紀によれば、鷲住王《わしずみおう》は第12代景行天皇の曽孫に当たり、第17代履中天皇の皇后の御兄であるとの記述があります。

徳島県海陽町にある大山神社には、こんな記述があります。

当神社は、鷲住王《わしずみおう》を祀り申し上げ、宍喰町《ししくい》の開拓の祖神として古くから崇敬せられています。今を去る凡そ1500有余年前宍喰《ししくい》地方に移住されて付近一帯をも開発統治したと伝えられています。

古代日本史に出てくるようなビッグネームも含まれています。なんといっても卑弥呼から大和王権の間の謎の時代です。登場するのは第15代応神天皇（270〜310）、第16代仁徳天皇（313〜399）、第17代履中天皇（400〜405）といった面々です。

まとめると、1500年以上前の応神王朝から履中天皇の時代、景行天皇の直系である鷲住王《わしずみおう》がこの地域

一本の川にこれだけのロマン。古代の人たちも末裔の我々に、冒険心を持って開拓せよ、殖産せよと、何かを伝えたいのかもしれません。
古代史によると、野根命を拝命した野根川はとてもカワイイ川だったでしょう。アユの味は格別で、豊かな日照時間が柑橘類をおいしく育み、まさに天国だったのかもしれません。

を領有し、今も残る大山神社を拠点に、海部川《かいふがわ》、宍喰川《ししくいがわ》、野根川《のねがわ》流域の経営に勤めていたことが記録されています。大山神社は、宍喰《ししくい》・野根《のね》両河川の分水嶺に鎮座し、両水系の集落を結ぶ山道も張り巡らされ、交通の要害であったことがうかがえます。

鷲住王《わしずみおう》は稲作を殖産し、猪や鹿などの山の幸、アユに代表される川の幸、米をはじめとする里の幸に恵まれた、食材の王国をつくりあげたのです。

南海治乱記によれば、「一男野根命を生む後、讃岐富熊郷に居住し、多くの少年之に従う」とあり、野根《のね》命の名前をいただいたのが野根川《のねがわ》であることが推察されます。

散策　野根川《のねがわ》リバーウォーク

野根川《のねがわ》リバーウォークをご紹介します。

流域の景観ポイントを「野根川《のねがわ》八景」として整備しましたので、野根川《のねがわ》を歩いている気分になってください。全長約14㎞のコース設定です。一番のポイントは、徳島県と高知県の県境付近の巨石の峡谷から海に注ぐまでの川の流れを数時間で体感していただくことです。

スタート地点の巨岩がみるみるうちに小さくなっていき、河口付近ではアユの産卵に適した粒の小さな砂礫にまで変化していきます。野根川《のねがわ》は決して流れの急な川ではありませんが、水の力が巨石を砂礫に変化させる様子を観察していただきたいと考えています。

生命地域主義とはまさにこのことだ、と思うすてきなシーンに遭遇できます。

春には河口付近の橋の上から、前年の晩秋に生まれてすぐに降海した稚魚たちが翌年に遡上してくる様をつぶさに観察できます。河口付近の砂礫質の通水のよい場所で生まれた子どもたちです。しかし5㎝クラスの小魚の大群を見つけるにはちょっとしたテクニックと運が必要です。

初夏になると、中流域で遡上するアユの観察ができる絶好のポイントがあります。ここでは天候に関わらず川幅いっぱいに浅瀬で戯れるアユを見ることができます。とても幸せな気分になります。その上流4㎞のスタート地点付近では、夏の最盛期にアユたちの縄張りを守る格闘や苔《は》を食む姿などを観察することができます。四季を通じてその流域の植生を楽しむこともできます。

野根川リバーウォーク

素晴らしい景観ウォーキングの紙上体験をスタートします。
生命地域主義とはまさにこのことだ、と思うすてきなシーンに遭遇できます。

❶牛ヶ石・馬ヶ石

（河口から14km上流）

徳島県と高知県の県境。
昔、徳島県と高知県の殿様が領地を競い合い、それぞれの城から同時に出発し、出会ったところがこの辺りなので藩の境界になったと言われています。
約５ｍ以上の巨岩がゴロゴロあり、砂岩でできています。この大きさの岩は洪水でも流されるとは考えにくく、付近の山から崩落したものと考えられます。

❷巨石と小さな淵

巨石が川の中にゴロゴロしています。大きな石に行く手を遮られた水は、小さな滝をつくります。
ここでは巨石とその間にできた小さな淵の風景を楽しんでください。

❸スギとU字谷

両側から山が迫っている中に、中くらいのサイズの石と細かい礫の河原が拡がり、右に大きくＵターンしている風景が美しいです。
礫の多い川床で浅瀬が多く、両側には杉の林が眺められ、木漏れ日が楽しめます。

❹淵と大石

岩がごろごろした川床ですが、ところどころに深い淵があります。

水の流れは緩やかで、大きなアマゴが潜んでいそうなポイントです。大きなアマゴがアユを横咥えにしていることもあります。

❺衣川の大曲り

（石が小さくなってきました）


だんだんと「里の川」になってきます。

その流れは瀬と淵の連続です。いままで見てきた河原や川の側面では大きな礫がごろごろしていましたが、ここにきて、石は少し小さくなってきていることに気付くでしょう。

❻衣川のつり橋

（渡ってもOK）


新しく敷き板を張り替えてありますので、渡ってみてください。

ゆらゆらと揺れてスリルがあります。

夏には悠々と泳ぐアユも見えます。

❼川口の淵

川が狭い峡谷上の地形からやや開けた地形の所へ出てきたために、礫を放出して大きな河原をつくっています。
夏は橋の上からたくさんのアユが見えます。この辺りに群れているアユたちは、縄張りを作らずに共存しているような印象を受けます。
しかしこの辺りよりも上流になると別の生き物のような攻撃的なアユがたくさんいます。

❽大斗の沈下橋

ここは浅瀬になっているので、アユ釣りの素晴らしい場所になります。
直線状に流れていた川がここで大きく蛇行します。
この蛇行は東西方向の断層でできていて、東に流れていた川が隆起で南へ流れが変わり、また別の断層に沿って西に流れを変え、蛇行したと考えられています。

❾余家《よけ》の堰《せき》

素晴らしい川沿いの道を歩きます。
上流側は静かな流れで、神秘的にさえ思える景観です。

❿長峰の魚道

（河口から4・7㎞）

この魚道は、アユなどが遡上しにくいポイントでしたが、東洋町と酔鯨酒造、ＮＰＯ法人ウォーターズ・リバイタルプロジェクトによる改修工事の結果、多くの魚たちが登ってこられるようになりました。

⓫名留川の春日神社

水田が広がる地域一帯を眺めつつ、桜並木を歩いていくと、山裾に巨木のそびえる鎮守の森が見えてきます。

伝統行事の流鏑馬《やぶさめ》神事が行われる神社で、境内林の千年杉が見事です。

この辺りは水害も多く、治水のための神事も多かったそうで、1000年の歴史をいたるところで感じる御社です。

⓬旧野根橋

（河口から約100m）


ここが野根川の終着点です。

太平洋が見えてきました。

野根川は下流に見える国道55号線の向こう側で、太平洋に注ぎます。

４月頃になると、この旧野根橋の上からアユの稚魚の遡上が視認でき、川におけるアユの生活史がここから始まります。

リバーウォークはこの地点で終了ですが、水の力が巨岩を砂礫に変化させる様子をご覧いただけたと思います。

このリバーウォークでは、ＣＨＵＭＳにもコースガイド看板を協賛、ご協力いただきました。

この活動を視察に来た酔鯨酒造・大倉社長にも活動にご賛同いただき、野根川《のねがわ》の水と流域米で純米酒「香魚《こうぎょ》」を開発していただきました。またそのことをＣＨＵＭＳ・土屋社長にお伝えしたところ、ＣＨＵＭＳの40周年事業で、純米酒「香魚《こうぎょ》」の原料である野根川《のねがわ》流域米の田植えに、土屋社長や社員の皆さまにご協力していただくことになりました。さらにその収穫米でＣＨＵＭＳの「チャム酒」という日本酒を発売、話題となりました。

酔鯨純米酒 香魚《こうぎょ》

日本の川がよみがえり、生命地域主義が復活すると、その地域に新しい産業が生まれて、人々が集まる好循環が芽生えます。

観察
野《の》根《ね》川《がわ》生き物図鑑

チョウ目タテハチョウ科
コミスジ

解説 幼虫はクズやフジなどのマメ科植物を食草とする、比較的見る機会の多いチョウ。葉の上に翅を開いてとまるので、観察しやすい。
季節 成虫は５～10月にかけて見られる。

シソ目キツネノマゴ科
キツネノマゴ

解説 道端にふつうに見られる一年草。特徴的な種名だが、どうして「狐の孫」と呼ばれるのかはよくわかっていない。
季節 花期は８～９月。一年草。冬季は見られない。

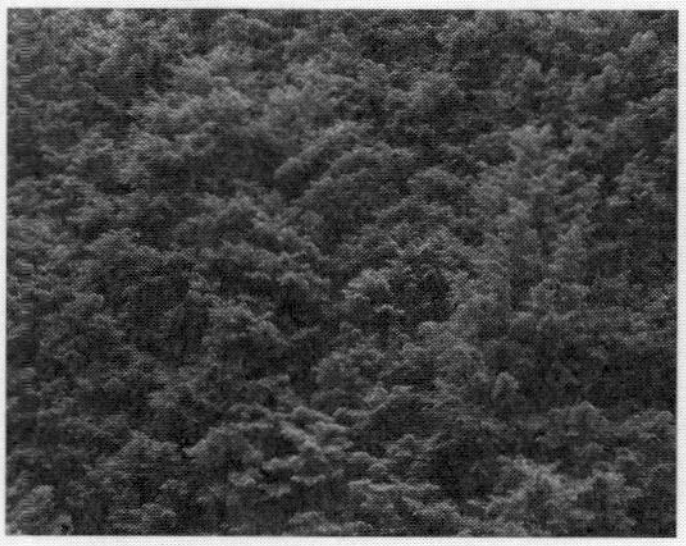

マツ目ヒノキ科
ヒノキ

解説 斜面一面に植栽されたヒノキ。古くから建築材として重用されてきた。名前の由来は「火の木」。昔、この木をこすりあわせて火をおこしたことによると言われている。建築材料として古くから利用され、山に植栽されている。
季節 常緑樹のため、一年中、葉をつけた状態で見られる。

ブナ目ブナ科
アラカシ

解説 ガイド中にもっともふつうに見られる樹木のひとつ。急斜面にも生育する、どんぐりのなるカシの木。寒い冬にも葉を落とさない常緑広葉樹。
季節 常緑樹のため、一年中、葉をつけた状態で見られる。

マメ目マメ科
ノササゲ

解説 道林の縁などに生育する日本特産のツル植物。葉の裏は白っぽい。その花や実を見る機会は少ない。
季節 花期は8～9月。淡い黄色の花をつける。冬季には葉をおとす。

キントラノオ目トオダイグサ科
アカメガシワ

解説 明るい立地に生育する、先駆的な樹木のひとつ。新芽が赤く、カシワの葉と同じように食べ物をのせるのに使ったことから、「赤芽柏」と呼ばれる
季節 花期は7月。落葉樹であるため、冬季には葉を落とす。

コショウ目ドクダミ科
ドクダミ

解説 薬や痛みに効くということから、「毒痛み」が転じて名となったという。その強烈な異臭は、多くの人が体験したことがあるだろう。お茶のほか、消炎・利尿などの民間薬としても有名。
季節 花期は6～7月。白色の花を咲かせる。冬季に葉は見られない。

バラ目バラ科
フユイチゴ

解説 いわゆる木苺の仲間で、冬に果実が熟すことからこの名がつけられた。果実（木苺）は食べられ、おいしい。
季節 花期は9～10月、11～1月に赤い実をつける。常緑性のため、一年中見られる。

ウラボシ目ウラボシ科
マメヅタ

解説 豆のような形をして、蔦のように岩や木に張りつくシダ植物。写真中央部の細長い葉は胞子をつける葉で、形が異なり豆状とはならない。
季節 一年中見られる。

エビ目サワガニ科
サワガニ

解説 一生を淡水域で暮らす淡水性のカニ。名前の通り、沢などの水辺近くに生息し、主に夜間に活動する。食用にもなる。
季節 春から秋にかけて活動し、冬は冬眠する。

シソ目オオバコ科
オオバコ

解説 いわずと知れたオオバコ。人に踏まれる路傍に生育する。粘液のある果実をつけ、人や動物の足裏に付着して分布を広げる。
季節 花期は4～9月で白色の花を穂状につける。

ナデシコ目タデ科
ミズヒキ

解説 花を上から見ると赤色に、下から見ると白色に見えることを、紅白の水引に例えたのが名の由来。半日陰地に生育する。
季節 花期は8～10月。冬に葉は見られない。

バラ目クワ科
イヌビワ

解説 落葉の小高木で、こう見えてイチジクの仲間。果実を見ると、イチジクの仲間であることが見てとれる。
季節 春から秋にかけて葉が見られ、冬には葉が落ちる。

ナデシコ目タデ科
イタドリ

解説 高さ1.5mにもなる多年草。芽出しはスカンポと呼ばれ、皮を剥いて食べる。
季節 花期は7～10月。冬には葉がみられない。

ユリ目サルトリイバラ科
サルトリイバラ

解説 まん丸く厚い大きな葉が特徴。高知県ではカシワの木が少ないため、この葉でかしわ餅を包むのに用いられた。
季節 花期は4～5月、あわい黄緑色の花が咲く。秋に赤い果実をつけ、よく目立つ。冬に葉が落ちる。

マメ目マメ科
ヌスビトハギ

解説 果実を盗人の忍び足に見立てて、この名がついたという。その果実は動物にひっついて運ばれる。
季節 花期は7～9月。冬には見られない。

セリ目ウコギ科

オオバチドメ

解説 葉を止血に用いたことから、この名がある。本種はチドメグサの仲間の中でもっとも葉が大きい。
季節 花期は7〜10月であるが、花は目立たない。冬に地上部の葉は見られなくなる。

バラ目バラ科

ナガバモミジイチゴ

解説 日当たりのよい場所に生息する木苺の仲間。その果実は甘酸っぱくておいしい。
季節 花期は4月。白い花を下向きに咲かせる。6〜7月に果実が熟し、冬に葉が落ちる。

ムクロジ目ウルシ科

ヌルデ

解説 ウルシの仲間であるため、ウルシに弱い人はかぶれる可能性がある。その果実を蝋の原料とした。果実の皮からは塩辛い成分が分泌され、この成分を野鳥が食べることもある。
季節 花期は8〜9月、白色の花が密に咲く。冬には葉を落とす。

ムクロジ目ミカン科

カラスザンショウ

解説 サンショウに似ているのに利用価値がないことから、その名がある。幹には鋭いトゲが沢山あるため、この幹を素手で握るのは避けたい。
季節 花期は7〜8月、白い小さな花が密に咲く。冬には葉を落とし、トゲのある幹が目立つ。

ショウガ目ショウガ科
ハナミョウガ

解説 葉がミョウガに似ていて、美しい花が咲くことから、この名がついた。ただし、ミョウガの代用にはならない。
季節 花期は5～6月、白色の花が咲く。果実は赤く熟し、目立つ。冬には葉が見られない。

イワヒバ目イワヒバ科
カタヒバ

解説 少し湿り気のある岩に垂れ下がって群生するシダ植物。その姿は美しい。
季節 常緑のため、一年中見られる。

ウラボシ目イワデンダ科
ヘラシダ

解説 日陰の湿った崖に生息するシダ植物。葉がへら状の形をしていることから、この名がついた。
季節 常緑のため、一年中見られる。

イラクサ目イラクサ科
サンショウソウ

解説 葉がサンショウに似ていることからこの名がついた。地面を這う多年草。
季節 花期は3～6月、紫褐色の花が咲く。冬には葉が見られない。

キントラノオ目コミカンソウ科
コバンノキ

解説 葉の形が小判に見えることからこの名がついた。崖地などに生息する低木。
季節 花期は４～５月。葉の脇に花が咲き、冬には葉を落とす。

アカネ目アカネ科
カギカズラ

解説 葉の基部に鉤状の突起があり、ツル性であることから、この名がついた。
季節 花期は６～７月、白い花が球状に多数咲く。常緑のため、一年中見られる。

ツツジ目ツツジ科
アセビ

解説 馬酔木の字をあてているように、有毒である。奈良公園ではシカが食べないため、アセビが多く生息している。
季節 花期は４～５月、壺形の白い花が多数咲く。常緑のため、一年中見られる。

ブドウ目ブドウ科
ツタ

解説 吸盤のある巻きひげ、垂直な岩壁にも生息するツル植物。甲子園の外壁を覆っていることで有名。
季節 花期は６～７月、小さな緑黄色の花が咲く。落葉性のため、冬に葉が落ちる。

アウストロバイレヤ目マツブサ科
サネカズラ

解説 樹皮からとった粘液を整髪に使用したことから、別名、美男蔓の名がある。秋には実が熟す。
季節 花期は5～7月、黄白色の花が咲く。果実は赤く熟す。常緑のため、一年中見られる。

ウラボシ目ウラボシ科
ヒトツバ

解説 乾燥した岩場や樹幹に群生するシダ植物。葉の裏は茶色い。庭にも植えられている。
季節 常緑のため、一年中見られる。

シソ目シソ科
クサギ

解説 高さ2～8mの落葉性の低木。枝や葉をちぎると臭気があるため、この名がついた。夏には白い花が目立つ。
季節 花期は8～9月、白い花が咲く。冬には葉が落ちる。

マメ目マメ科
ヤマハギ

解説 秋の七草のひとつ。ハギの仲間。日本の山野で最もポピュラーなハギである。秋には黄葉し、枝の大部分は枯れてしまう。
季節 花期は7～9月、紅紫色の花が多数咲く。冬には葉が落ちる。

一目イノモトソウ科
ナチシダ

解説 和歌山県の那智山で発見されたのが名の由来。湿った場所に生育するシダ植物。ニホンジカが食べないため、見られる機会が多い。
季節 常緑のため、一年中見られる。

キンポウゲ目ツヅラフジ科
ハスノハカヅラ

解説 常緑のツル植物。蓮の葉のように葉の柄に対して葉が楯状につくことからこの名がついた。
季節 常緑のため、一年中見られる。

ウラジロ目ウラジロ科
ウラジロ

解説 正月飾りの鏡餅に飾られる。葉の裏が白いことから心の清さを示すとされている。
季節 常緑のため、一年中見られる。

イラクサ目イラクサ科
キミズ

解説 ミズの仲間で、その基部が木質化していることから、この名がついた。
季節 花期は３～５月、淡緑色の花が咲くが目立たない。

ケシ目ケシ科
タケニグサ

解説 葉が竹に似ていることから、竹似草の名がある。茎をちぎると、有毒の黄色い乳液が出る。
季節 花期は7～8月で黄褐色の果実がなる。

ウラボシ目ウラボシ科
コシダ

解説 木の葉の葉柄を用いてかごを編んだ。葉が生花に用いられることもある。
季節 常緑のため、一年中見られる。

キンポウゲ目アケビ科
アケビ

解説 紫色の果実のなるツル。果実は食用、ツルは細工物に使用する。
季節 花期は4～5月で、紫色の花が咲く。

―目ホウライシダ科
タチシノブ

解説 切れ込む裂片が繊細で涼やかな姿のシダ。シノブによく似た葉が立つから、その名があるという。涼やかなその葉を美しく感じる。
季節 常緑のため、一年中見られる。

ツユクサ目ツユクサ科
ヤブミョウガ

解説 葉がミョウガに似ていることから、この名がついたと言われている。
季節 花期は7〜9月で白い花が咲く。果実は藍色、冬に葉を落とす。

ツツジ目ツツジ科
モチツツジ

解説 植物全体に毛が多く、鳥もちのように粘ることからこの名がついた。
季節 花期は4〜5月で紅紫の花が咲く、冬でも葉が落ちない場合もあるため、一年中見られることもある。

ブナ目ヤマモモ科
ヤマモモ

解説 赤く甘酸っぱい実をつける。
季節 花期は3〜4月、果実は6月に熟す。常緑のため、一年中見られる。

マメ目マメ科
ネムノキ

解説 夜になると葉が垂れ下がり、眠っているように見えるためこの名がついた。夕方に花が咲く。
季節 花期は7〜8月、桃紅色の花が咲く。

一目フサシダ科
カニクサ

解説 ツル状のシダ植物。木の葉を用いてカニ釣りをして遊んだことから、この名がついた。
季節 冬には葉が落ちる。

ヤマノイモ目ヤマノイモ科
ヤマノイモ

解説 サトイモに対して、この名がある。葉の脇にむかごを付ける。このむかごは食べられる。
季節 花期は7～8月で白い花が咲く。

ナデシコ目タデ科
イヌタデ

解説 葉に辛みがないため、役に立たないという意味で「イヌ」を冠した名となった。小さな赤い花を赤飯に見立てて「アカマンマ」とも呼ぶ。
季節 花期は7～10月で紅色まれに白色の花が咲く。

キジカクシ目アヤメ科
シャガ

解説 林内に群生することの多い多年草。人里近くに多いことから、古く中国から渡来して野生化した説がある。
季節 花期は4～5月、白・青紫色の複雑な模様の花が咲く。常緑のため、一年中見られる。

オモダカ目サトイモ科
マムシグサ

解説 その茎の柄がマムシ柄に似ていることからこの名がついた。マムシと同様に有毒である。
季節 花期は3～4月で淡い緑褐色から紫褐色の花が咲き目立つ。

ユキノシタ目マンサク科
イスノキ

解説 虫こぶを付ける場合があり、写真左側にその存在が確認できる。材は緻密で重く、建築材などに利用される。
季節 花期は3～5月で花は目立たない。常緑のため、一年中見られる。

ウラボシ目ヒメシダ科
ホシダ

解説 葉先が槍の穂に似ていることから、この名がついた。似たような種はないため、覚えやすい。
季節 常緑のため、一年中見られる。

ツツジ目サクラソウ科
マンリョウ

解説 名前（万両）から縁起がいいとされ、正月飾りに用いられる。
季節 花期は7月で白い花が咲く。実は赤く熟す。常緑のため、一年中見られる。

ムクロジ目ミカン科
ミカン

解説 栽培されたミカン類が逸出したものと推測される。
季節 花期は6月で白い花が咲く。果実は黄色でよく目立つ。

イラクサ目イラクサ科
カラムシ

解説 茎《カラ》を蒸して皮をはぎ、繊維をとったことからこの名がついた。繊維は長くて丈夫なため、織物などに使用された。
季節 花期は7～9月で、花は目立たない。

キンポウゲ目キンポウゲ科
センニンソウ

解説 果実のついた様子を、仙人の髭もしくは白髪に例えてこの名がついた。日当たりのよい陽地を好む。
季節 花期は8～9月で白い花が咲く。冬でも見られる。

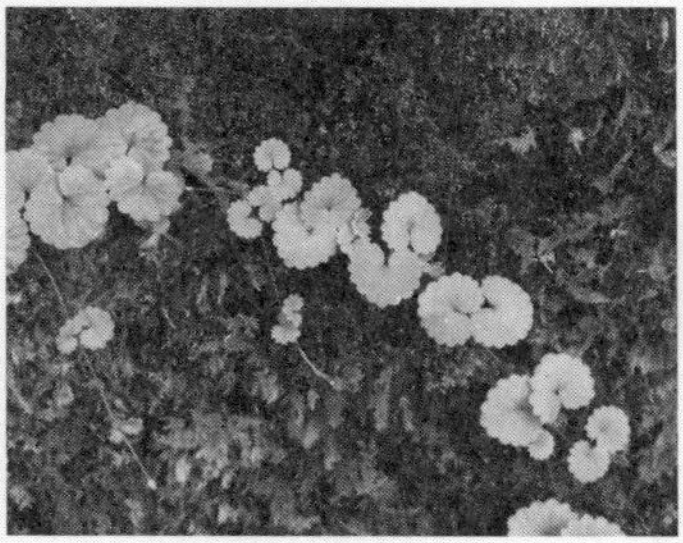

シソ目シソ科
カキドオシ

解説 花の後に茎がツル状に伸び、垣根を通り抜けることからこの名がついた。
季節 花期は4～5月で淡紅紫の花が咲き、美しい。

クスノキ目クスノキ科
タブノキ

解説 この地域での代表的な常緑広葉樹。公園や庭木によく用いられる。
季節 花期は4～5月で黄緑色の花が咲く。常緑のため、一年中見られる。

ブナ目ブナ科
クリ

解説 実は昔から重要な山の幸である。虫媒花のため、花の咲く6月に強い香りを発散する。
季節 花期は6～7月で白い花が多数咲く。秋には、イガで包まれた実がなる。

ツユクサ目ツユクサ科
ツユクサ

解説 6～9月にかけて、青い花を次々に咲かせる。早朝に咲いた花は午後には萎んでしまう。
季節 花期は6～10月で青い花が咲く。

ヤマノイモ目ヤマノイモ科
ニガカシュウ

解説 ヤマノイモに似ているツル植物。ヤマノイモと同様に、むかごを葉の脇につけるが、苦くて食用にならない。
季節 花期は8～9月で紫色を帯びた黄緑色の花が咲く。

ツツジ目ツツジ科
ヤブツバキ

解説 照葉樹林を代表する常緑広葉樹。赤い花が美しく、種子からは椿油がとれる。
季節 花期は11～12月、または2～4月。濃い紅色の花が咲く。

マメ目マメ科
クズ

解説 秋の七草のひとつ。山野にふつうに見られるツル植物。根からでんぷんをとったものを葛粉という。
季節 花期は8～9月。紅紫の花が咲く。

クスノキ目クスノキ科
ホソバタブ

解説 タブノキの葉を細くしたような葉の形状から、この名がついた。
季節 花期は4～5月で黄緑色の花が咲く。果実は球形で黒紫色に熟す。

チョウ目スズメガ科
キイロスズメ

解説 蛾の仲間の幼虫。その幼虫はヤマノイモ科の植物を食べる。この幼虫もヤマノイモにぶら下がり、その葉の大部分を食べつくす。
季節 春から秋にかけて幼虫、サナギで越冬し、春に羽化する。

クスノキ目クスノキ科
クスノキ

解説 古くから神社などに植えられ、巨木となっている。建築木材に使われるほか、かつては樹皮を防虫剤の原料に使用していた。
季節 花期は5～6月で黄緑色の小さな花が咲く。果実は10～11月に黒く熟す。

ウラボシ目ウラボシ科
ゲジゲジシダ

解説 葉の形をげじげじの胴体と足に例えられこの名がついた。道路脇に多く生育する。
季節 春から秋にかけて見られる。

バラ目バラ科
ビワ

解説 ご存知、枇杷のなる木である。果樹園以外で見られる個体は栽培品から逸出したと考えられる。
季節 花期は11～1月、白い花が咲き、芳香がある。果実は5月に黄橙色に熟す。食用。

ツツジ目ツツジ科
チャノキ

解説 ご存知、お茶の葉の木である。もともとはインド周辺が原産と考えられ、茶畑から逸出、野生化した。
季節 花期は10～11月で白色の花が咲く。

ツツジ目モッコウ科
サカキ

解説 枝葉を神事に使用するため、神社によく植えられるほか、照葉樹林内にも自生している。
季節 花期は6～7月で白い花が咲く。常緑のため、一年中見られる。

ユリ目ユリ科
シンテッポウユリ

解説 ラッパ型の花が昔のラッパ銃に似ているから、鉄砲百合の名がついた。高知県で見られるのは園芸品種等から由来する帰化植物。
季節 花期は8～9月で白色のラッパ型の花が咲く。

マツ目ヒノキ科
スギ

解説 幹が直立していることから「直木《すき》」がスギに変化したと言われている。建築材として重要樹種のひとつで、日本での人工造林面積が最大の樹種。
季節 常緑のため、一年中見られる。

第３節　新潟大川

——阿部比羅夫《あべのひらふ》、蝦夷と大和の国境の川

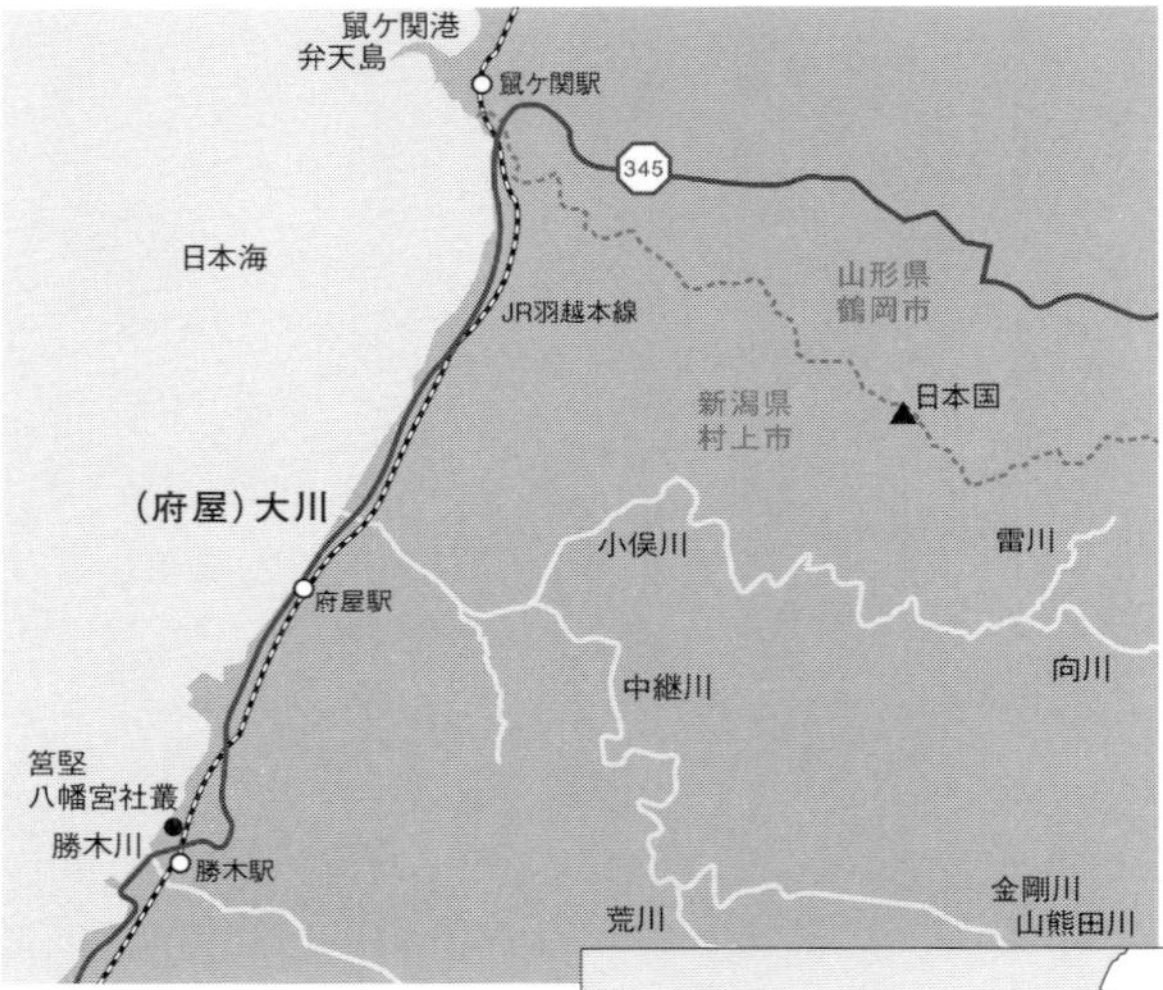

新潟県村上市の北部の山北《さんぽく》地域、国の名勝に指定されている「笹川流れ」の海岸線には、南北に８００ｍクラスの新保岳《しんぼだけ》や葡萄山を筆頭に、５００ｍクラスの山々が連なり、たくさんの川があります。
北側には大川があります。まずは大川の河口、岩崎の信号で車を止めて海を見ると、このきれいさはどうですか。ハマボウフウが自生しています。山菜として食用にするほか、漢方薬としても利用されます。そして河口にはビッグサイズの魚がいます。

河口を見て川の歴史を知る

いろいろな河口を見てきましたが、自然に海に溶け込むような流れは珍しいなというのが第一印象です。河口は川の終着駅、遥か20km上流からの流れを想像してこの大川にときめいたものの、でも裏切らないでよね、と頭の片隅で思っていました。

人生になぞらえるわけではないけれど、これだけ美しくその旅路を終えるには多くの人々との長い長い歴史があるだろうし、たくさんの努力があった、いや今もあるだろう、多くの実りをこの地域に

大川中流域

大川の河口

岩崎の海岸線

分け与えたことだろう、とつらつらと考えながら、まずは村上市山北《さんぽく》支所産業観光室長のTさんにお話しをうかがいました。

Tさんの丁寧な説明から、地域住民が大川をとても大切にしている印象を受けました。山北《さんぽく》地区では雑排水の浄化センターを稼働させていてその普及率は70～80％、支線工事を進めて100％を目指すなど、とても意識が高いのです。

もともとこの山北《さんぽく》地域は林業の町であったため、地ごしらえのために山を焼き、副産物としてアカカブを育ててみたり、ブナ・コナラ・ミズナラなどの広葉樹林を大切にしたりと、随所に地域と共生するために先代から続く人々の知恵を感じとることができました。

その他にも、アユの解禁前の川の清掃や草刈りなど、川に対する思い入れが滲んでいます。だから大川のアユは豊かな芳香で満たされているのだと思います。

Tさんのつぶやき、「自分たちの子どもの頃はアカザというトゲのある魚がいたけど、今はまったくいなくなった」のだそうです。すでに絶滅危惧種に指定されています。川エビやイトヨも全滅状態で、川ヤツメやウナギも激減しているそうです。

アカザ（日本固有種、絶滅危惧種）
〔出典〕ウィキペディア「アカザ（魚）」
https://ja.wikipedia.org/wiki/ アカザ_(魚)

竹やヨシ、柳、杉の皮でつくったコドで捕獲

大川には、350年前から受け継がれている全国でも唯一のサケの伝統漁法、コド漁があります。晩秋から初冬にかけてたくさんのサケが群れをなして帰ってくるのですが、それを心待ちにしていた漁師たちで、川原はにぎわい活気づきます。最盛期は10月から12月中旬で、流域はコドで埋め尽くされます。

もっかり（コド）

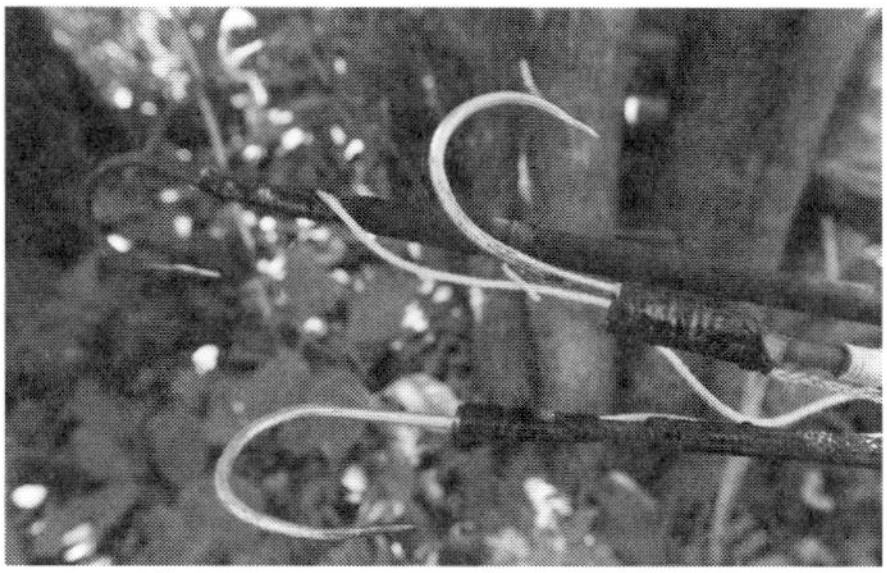

コド漁の鉤《かぎ》

コド漁を行っているところ

コドとは、川底に杭を打ち、杭に竹や杉の皮・ヨシ・柳などをとりつけて、サケを休息させる装置のことで、コドに入ってきたサケを鉤《かぎ》でひっかけて捕獲します。最近の主流となっているシンプルなコドのことをもっかりと呼ぶらしいですが、アイヌのサケ漁の仕掛の名称に由来しているそうです。

この川のサケたちには、コドをかわして上流まで遡上して自然産卵するものがたくさんいるそうですが、そこには乱獲をよしとしない、大川漁協の皆さんの自然の恵みに対する温かい眼差しと地域への愛情を感じます。

写真はシンプルなもっかりと鉤《かぎ》です。山熊田《やまくまた》集落の周辺まで、サクラマス・ヤマメ・イワナの自然産卵の絶好のポイントなのだそうです。

大樹と手鉤棒《てかぎぼう》と自然産卵するサケ

この川を歩くほどに大川の魅力に惹かれていく気がします。大川一帯に感じる時の流れはいったい何なんだろう。大川のサケのコド漁は、9月中旬から始まります。

勝木《がつぎ》神社のお祭りのころを合図にサケが川を遡上し始めるそうです。正式には筥堅八幡宮《はこかたはちまんぐう》という社《しゃ》叢《そう》(神社の森)は国指定天然記念物であり、海へ突き出たような約80mの小高い岩山の山頂にあります。神の山として社叢《しゃそう》内を保護したため、原始林層が保たれており、カヤ・アサダの大樹は県内一と言われています。

その頃になると、大川の漁師さんたちは喜々として大川に集まってくるそうです。

350年前からこの川で続く、他に類のない伝統的な漁法・コド漁は、仕掛けたコドにやってくるサケを、手《て》鉤棒《かぎぼう》で腕一本で吊り上げる。そこには、「今年もよう帰ってきた」という感謝の心が溢れています。命と真っ向から向き合うその姿には、自然への敬いと感謝に漁師としての歓びが共存した、とても魅惑的な空気感が漂います。利便性や合理性が行き過ぎちゃうと、生きる喜びや張り合いがなくなってしまうのかなと思いました。350年の歴史なんて、ひと言ではとても言いつくせません。

筥堅八幡宮《はこかたはちまんぐう》

コド漁ヒットの瞬間

時代がいかに変わろうとも、世の中の常識が変わろうとも、伝統を守ることはむしろ進化なのではと思いました。どこか豊かな情操のようなものが伝わってきます。必要な分しか捕らない、人と川が同化している、自然と人が共生している、と感じさせる素晴らしい川、山北《さんぽく》の大川はそんな川です。

ですから当然、自然産卵するサケもたくさんいます。いたるところでサケの自然産卵があり、ここはどこ、と驚いた瞬間です。

実は、そんなコド漁の歴史も平坦ではありませんでした。

県の指導により、1980年代にはより効率のよい一括採捕への転換の潮流が押し寄せましたが、直接サケと対峙し、直接獲るという「楽しみ」を奪われたら、サケ漁を続ける動機がなくなるという主張が力を持ち始め、結果として一括採捕化は延期されました。漁師たちの「つきあいを楽しむ」という連帯は続いています。

キラキラはサクラマスだった

この地域で9月中旬から始まるサケ漁は、早生《わせ》ザケとよばれるサケの遡上から始まるそうです。

こいつはシロザケとはどうも種類が違うようで、遡上期でもギンピカらしい。脂も多くて早めに食わないと脂焼けするし、伝統的な保存食には適さないみたいです。亜種ではなく、別種のサケマスだったらおもしろい。この辺りの漁師さんはキラキラと呼んでいるそうですが、なぜかメスが多く、身は真っ赤なのだそうです。

そのキラキラが年末に、鮭鱒増殖部会長のHさんのコドで捕れました。そのキラキラは珍しくオスの大型で、明らかにシロザケとは違う特徴があったそうです。どうも秋に遡上したサクラマスのようなのです。

２０１７年10月20日に大川水系の勝木川《がつぎがわ》で捕獲した早生ザケの同定を、サケマスの研究で著名な農学博士・北里大学名誉教授の井田齊先生にお願いしました。すると井田先生から「なんとサクラマスで、秋遡上の可能性が高い」と驚きのコメントをいただきました。

サケに関心のある方々には、きっと驚きをもって迎えられる事実です。大川漁協の平方組合長も「今年の早生ザケも組合員ネットワークで捕獲して調べたい」と、このニュースに盛り上がっていました。

このキラキラは人工孵化させていないので、自然産卵しているようです。産卵期も早く、９月下旬から10月初旬に河口から５～６㎞の地点で自然産卵しているようで、孵化後の降海は2月末頃です。キラキラの自然産卵は、この地域の人々と自然とが共生している、そんな伝統がもたらした恩恵なのでしょうか。

採卵し、稚魚を育て、そして放流する

そんな大川水系のサケたちの遡上は、11月中旬にピークを迎え、いよいよサケの採卵が始まります。

大川では11月下旬ころにスタートしました。各集落で搾って放精し、孵化用の生簀に移します。水温14℃以下、1カ月で目がつくそうです。12月下旬には孵化盆に入れます。10日くらいで稚魚になって網目をすり抜けて下に落ち、真っ赤に群れます。それから20日ほど経つと成魚と同じ形になってエサを求めるようになります。つまりここまで2カ月です。

配合飼料で2カ月間飼育してから3月末に放流する、4カ月間の稚魚との生活です。地下水を汲みあげて、曝気《ばっき》という方法で空気中の酸素を水に溶かすための槽から水を落として孵化場に入れます。水中のエアが大切らしい。


4～6年くらいでこの山北《さんぽく》地区大川に戻ってくるシロザケの、いよいよ旅立ちです。

孵化用の生簀に入れたのが150万粒、例年80％が孵化するそうで、この年は120万匹が元気に旅立ちを迎えました。3月中旬に岩石《がんじき》の孵化場から31万匹、大谷沢の孵化場から87万匹が大川の本流に向けて、最初は後戻りしつつも元気に泳いでいきました。

どうしても撮影したいと故・渡部漁協長にわがままを言って、大谷沢孵化場の20万匹を残しておいてもらいましたが、今日がその20万匹の旅立ちの日です。

シロザケはサケの中でも母川回帰する比率の高い種類といわれていますが、毎年2万5000匹くらいが遡上してくるそうです。約2％の回帰率ということになります。これから彼らを待ち受けている多くの天敵のことを思うと、気を付けてな、きっと帰って来いよ、という心の声が自然にこみ上げてきます。

4カ月も苦楽を共にする、大川漁協の皆さまの胸中はいうまでもありません。

生簀の水門が開きました。放流の開始です。体長5㎝の稚魚たちが突然の水流にざわめきだしました。でも稚魚たちは、なかなか出ていきません。サケの習性なのでしょう、水流ができると上流というか、水の流れに逆らって孵化場の奥に向かって逆走しようとします。ここは大川本流につながる水路の入口です、生簀の奥から急き立てると今度は勢いよく泳いでいきました。

大谷沢孵化場から大川本流までの水路を通り、稚魚たちは水勢にもみくちゃにされながら下っていきますが、そこら中で数十匹の群れになってその場に留まろうとします。それを渡部漁協長が優しく下流に導いていています。

「元気でな〜」、地域の方々の優しい眼差しの注がれている山北《さんぽく》地区の大川です。

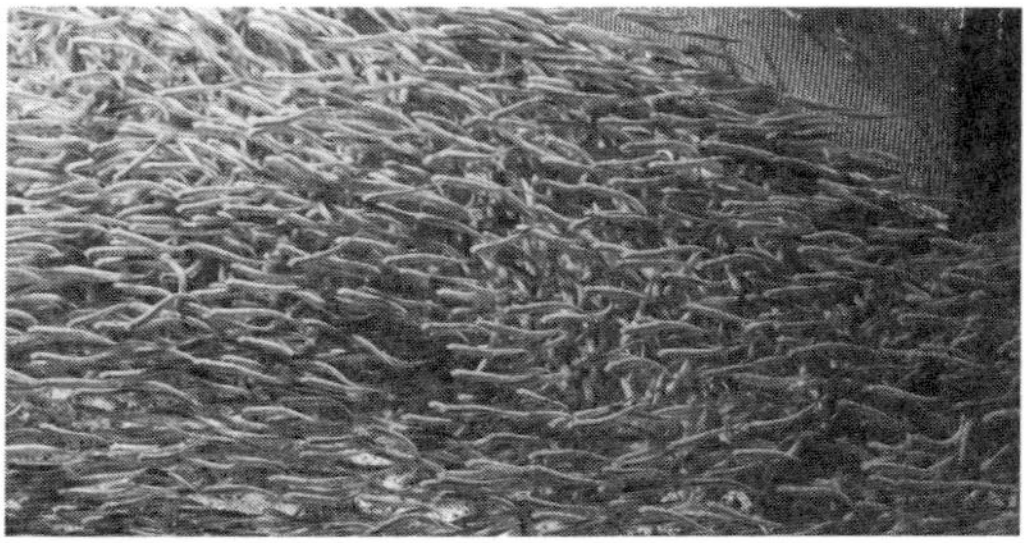

放流を待つ稚魚の群れ

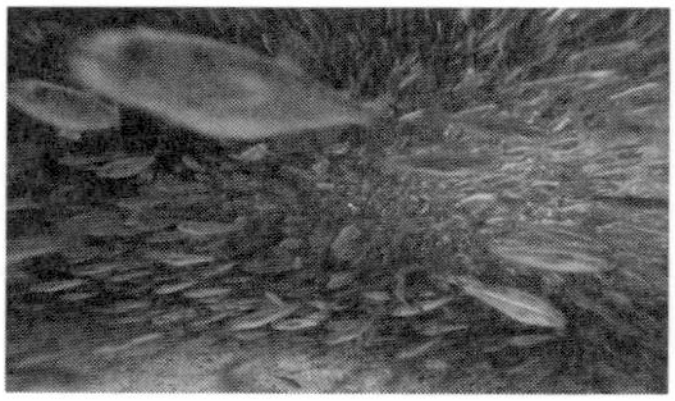

本流までの水路に向かい勢いよく泳ぐ稚魚

ひと月で目がついた

稚魚を優しく本流に導く故・渡部漁協長

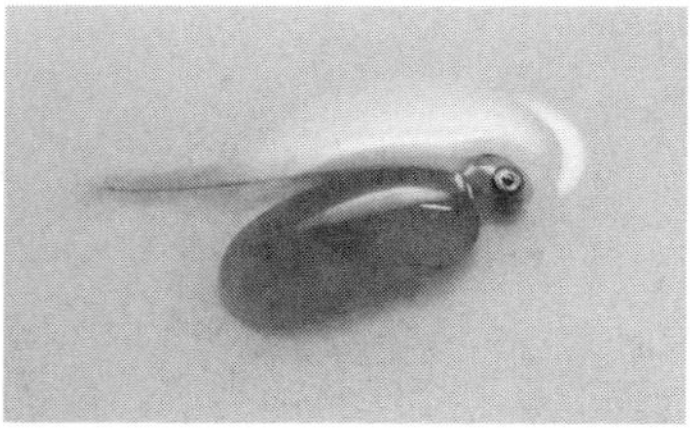

孵化直後のサケ

12月下旬には孵化盆に入れます

抜群のプロポーションのアユとヤマメ

サケが行くと、次はアユがやってきます。

5月には海から、キラキラと真黒な稚アユの大群が上ってきます。彼らは、岸沿いを一列になって上ってきます。地元ではアユ解禁前の川の清掃や草刈りなど、準備に余念がありません。川に対する想いが滲んでいます。だから大川のアユは豊かな芳香で満たされているのだと思います。

そして大川に夏が来ます。今年もたくさんアユがきます。

7月1日の解禁直前、アユを水中カメラで撮影してみました。地域の方々の優しい眼差しの注がれている、村上市山北《さんぽく》地区の大川、もう上流付近まで遡上し、いたるところで夏を謳歌しています。

これはやや流れの強いところで撮影したアユです。見てください、20㎝クラスで抜群のプロポーションです。護岸のブロックに群れるように集まった瞬間です。この背びれ、闘争心もすごそう。そんなアユたちの下にいたのがこのヤマメで、尺オーバーです。

どうして、大川の魚たちはこんなにも魅力的なのか、ため息が出ます。川は人が手入れしないとよくなれません。森里川海のつながりの確保、川が1本につながると豊かな命が甦ります。

森は水のこと、里は人のこと、大川に見習うべきことは多いと思います。

大川中流域の階段式魚道

闘争心剥き出しのアユ

川底でみつけた尺ヤマメ

急流を泳ぐアユ

鉄器、マタギ、コド漁、歴史ある森里川海

　この大川のすぐ北側、山形県との県境に「日本国」という標高555mの山があります。

　この山の由来ですが、飛鳥時代の将軍阿《あ》倍比羅夫《べのひらふ》が蝦夷を平定、この地を国境と定めたとされる山です。幾多の歴史とロマンを秘めた山として地元の誇りであり、北前船の時代には、猟師や船乗りが「山合わせの目印」として越後・出羽境の目印としていました。

　山間部は朝日村の縄文遺跡群に象徴されるように、縄文文化を基層とする蝦夷文化の北東北拠点であったと思われます。当時、山間地には、鉄鉱石などを原料とする鉄器などを製造する鍛冶や匠が就業していたのかもしれません。それらの鉄器技術でまず

山形県境の山「日本国」
〔出典〕やまがた山
「やまがた百名山のご案内」
https://yamagatayama.com/hyakumeizan/no-064/

矢じりや槍、釣針に加工され、マタギの生活様式や大川を遡上するサケのコド漁、その他の多様な水産資源を捕獲する狩猟文化を育みました。

豊かな土壌や森が生み出す山と海の資源、それらをつなぐ大川の流域で育まれた地域文化を、今なお色濃く残す山北《さんぽく》地域です。森里川海が隣接していること、そして北前船による交易など、この地が自然循環型経済圏として長く存続できた証だと思います。


マタギ文化やコド漁などに見られる神仏や先祖を敬う信仰心としきたり、伝統的に強い絆で結ばれている熊猟、乱獲しないコド漁など、これからの若者たちに必要とされる新しい社会システムや資源共有のヒントとなる人間性の基礎が備わっているように感じます。それらは地域の長い長い歴史と、それらを可能にしたタテのコモンズとヨコのコモンズを育んだ川のおかげでしょう。

生きていると同時に生かされていると思う感覚の共有、豊かな川が育んだかけがえのない財産を、この地で感じます。

生物 サケマスの生活史

サケとマスはどう違うの、というのはよくある質問です。

しかしサケとマスにはっきりした違いはありません。

かつては降海するものをサケ、川に残るものをマスとしていましたが、生態が不明なうちに名付けられた魚種もあり、サケとマスの差が曖昧になっているのが現状です。

サケマスに限ったことではありませんが、彼らは基本的に自分たちの好む環境に身を置くか、もしくはその環境に自分たちが適合できるように変化します。

北米などと違い、山間地の多い特異な環境で進化を遂げた日本のサケマス類は多くの種類があり、独特の生活史があります。


日本のサケのほとんどを占めるシロザケは、3~5年間の海洋回遊生活の後に母川回帰、つまり自分の生まれた川に遡上し、産卵・放精したあとにその一生を終えますが、とても母川回帰率の高いサケといわれています。

あくまで一般論ですが、マスと呼ばれるのはイワナの降海型であるアメマスや、ヤマメの降海型であるサクラマスですが、シロザケよりも短期間の海洋生活のあと川に遡上して、産卵後も何年かを川で生活します。

サケマス類の進化を遡って調べてみると、マス類にはサケ類よりも古くから存在する古代種が多いようです。サケより古くからいるのは、イワナ、イトウなどです。淡水魚最大の大きさに成長するイトウは河川生活が長いですが、生存率や成魚になる確率が極めて低いです。産卵後に別のマス類などの外敵に受精卵を食べられてしまうこと、湿地など幼魚期の生育環境が川道の直線化により激減していることなどが原因です。

よってサケマスの進化型魚類は、河川生活よりも、危険を回避しつつ餌が多い海洋生活に早く移行できるように進化してきました。「孵化後ほとんど河川で餌をとらない」「例外なく海に降りる＝母川依存性が低い」という生態が、現時点でのサケ科の進化の最先端のようです。カラフトマス（ピンクサーモン）は、産卵孵化後に稚魚は河川ではあまり餌を捕食せず、産卵の翌年4月から5月に降海する進化型のサケです。進化の早さの順番ではその次がシロザケで、ベニザケ、キングサーモン、ギンザケと続きます。

日本で一般に食用されているサケマスのうち、「太平洋サケ」に分類される種類をあげてみますと、キングサーモン、ピンクサーモン、レッドサーモン、シルバーサーモン、ドッグサーモンの5種類があります。

キングサーモンは和名「マスノスケ」と呼ばれ、僅かではあるものの日本近海でも漁獲されますが、日本の河川への遡上はありません。サケの仲間の中でも最大級に成長します。また海に降りた翌年に帰ってくる個体もいるそうで、体長50㎝ほどにも関わらず成熟しており、「キング」に対して「ジャック」と呼ばれています。大川の早生《わせ》ザケがもしもジャックだったら面白いのになどと妄想しています。

ピンクサーモンは「カラフトマス」のことです。産卵時期の性徴が現れたオスの姿は特徴的で、背ビレの前部が盛り上がることから「セッパリマス」とも呼ばれます。日本では、ほとんどが北海道の河川に遡上しますが、成熟年数はシロザケより早く、2年で母川に戻ってきます。ただし回帰率はシロザケほど高くないようです。

次はレッドサーモンです。よく魚屋さんの店頭に並ぶ「ベニザケ」のことで、カナダやロシアから輸入される冷凍ものが多く、日本近海での水揚げはわずかで、河川への遡上はありません。海外の生息地では、湖での生活を経て降海し海洋生活するという特殊な環境が必要なため、母川回帰率はサケ科の中でも最も高いようです。

陸封型は十和田湖や中禅寺湖などに生息する「ヒメマス」で、おいしさには定評があります。

シルバーサーモンは「コーホーサーモン」などと呼ばれますが、日本の河川には生息していない独立した一種類です。通常は、孵化後1年間を河川で過ごした後に降海し、2～3年の回遊を経て母川に遡上するようです。

銀毛のシロザケを「ギンザケ」と呼ぶことがあるので、しばしば混同されます。

最後はドッグサーモンです。

日本の川に遡上するサケのほとんどはドッグサーモン、和名「シロザケ」です。北太平洋に広く分布していて、ロシア、北アメリカでも漁獲されます。春に降海した稚魚は概ね3～5年の海洋生活を経て秋に川を遡上しますが、母川への回帰性はかなり高いとされています。個体の年齢や特徴、漁獲時期などで「トキザケ（時鮭・時知らず）」「メジカ（目近）」「秋鮭」「ギンザケ（銀毛）」など多数の呼び方があります。あと「ケイジ（鮭児）」は性的に未成熟なサケが捕獲されたものです。

それらを少しまとめてみましょう。

日本で水揚げされるシロザケ以外のサーモンの和名は「マスノスケ」「カラフトマス」などと呼ばれるサケで、サケとマスにははっきりした違いはありません。

日本で「マス」と呼ばれている種類はたくさんいます。レッドサーモン陸封型の「ヒメマス」をはじめ、ヤマメの降海型は「サクラマス」、イワナの降海型は「アメマス」などです。その他にもアマゴの降海型は「サツキマス」、琵琶湖にのみ生息する「ビワマス」は、琵琶湖に注ぐ河川と琵琶湖を行き来する生活史をもちます。どうもヤマメとサツキマスの先祖はビワマスで、近い種のようです。

ニジマスは北米大陸原産の外来種ですが、北米などでは降海型をスティールヘッドと呼び、ゲームフィッシングのファイターとして人気があります。日本では養殖がさかんで、マス釣り場の主役のイメージがあります。

もう一度、なじみの深いサクラマスをご紹介しますが、ホンマス、マスとも呼ばれるヤマメの降海型です。鱒寿司は富山県の郷土料理で有名ですが、元来、鱒寿司に使う鱒は神通川に遡上してきたサクラマスを使用していたところ、現在では遡上するサクラマスが少なくなったことなどの理由から、外国産の鱒類や北海道産のものが使用されているようです。

一般的には降海型をサクラマス、河川残留型をヤマメとして区別しています。

分布範囲は太平洋サケの中で最も狭く、ロシア、日本付近に分布しているのみで、北米大陸周辺には分布していません。通常は1年半ほど河川で過ごしてから春に海へ降り、約1年を海で回遊した後、翌春に母川に遡上します。秋に産卵活動をするまでの間はエネルギーの消費を抑えるため、淵などに潜んでほとんど動かないとされていますが、真偽のほどはわかりません。サクラの咲く頃に再び川に帰ってくるので、サクラマスと称されています。種としての発生はサケ科の中では比較的古い部類であると考えられています。

天然のヤマメやサクラマスの生息する河川は川と海がつながっていて、餌となる昆虫類などが豊富で、産卵できる通水のよい河床環境が保たれていることになります。少しでも多くの川が生命地域主

義の視点で豊かになることを願ってやみません
降海型のサケマスは、このように海洋生活を経て母川に帰るわけですが、その間の大部分の栄養を海から摂取することになります。例えば、河川に残留したヤマメが同じ3年間生きた場合、一般的には大きくても30㎝程度ですが、降海型のサクラマスは60㎝ほどに成長します。またシロザケなどは、孵化後、母川でほとんど栄養をとらずに海に出ますので、すべての栄養分を海から摂取するといっても過言ではありません。また産卵行動終了後に自らの骸を川や山へ栄養分として還元するため、森と川が豊かになり、更に健全な川が維持され、サケが増えるサイクルがあることは海外の調査で証明されています。
これらサケマスの生態は、海に降りることが常だった種が氷河期により陸封化されたとも、種の保存を目的とした進化により海に降りるようになったとも言われています。その順応性ゆえに今まで生き残ってきたともいえますが、なかなか簡潔に説明することが難しいのがサケ科の魚たちです。

第4節　安家川《あっかがわ》

——岩泉の縄文文化とカワシンジュガイ

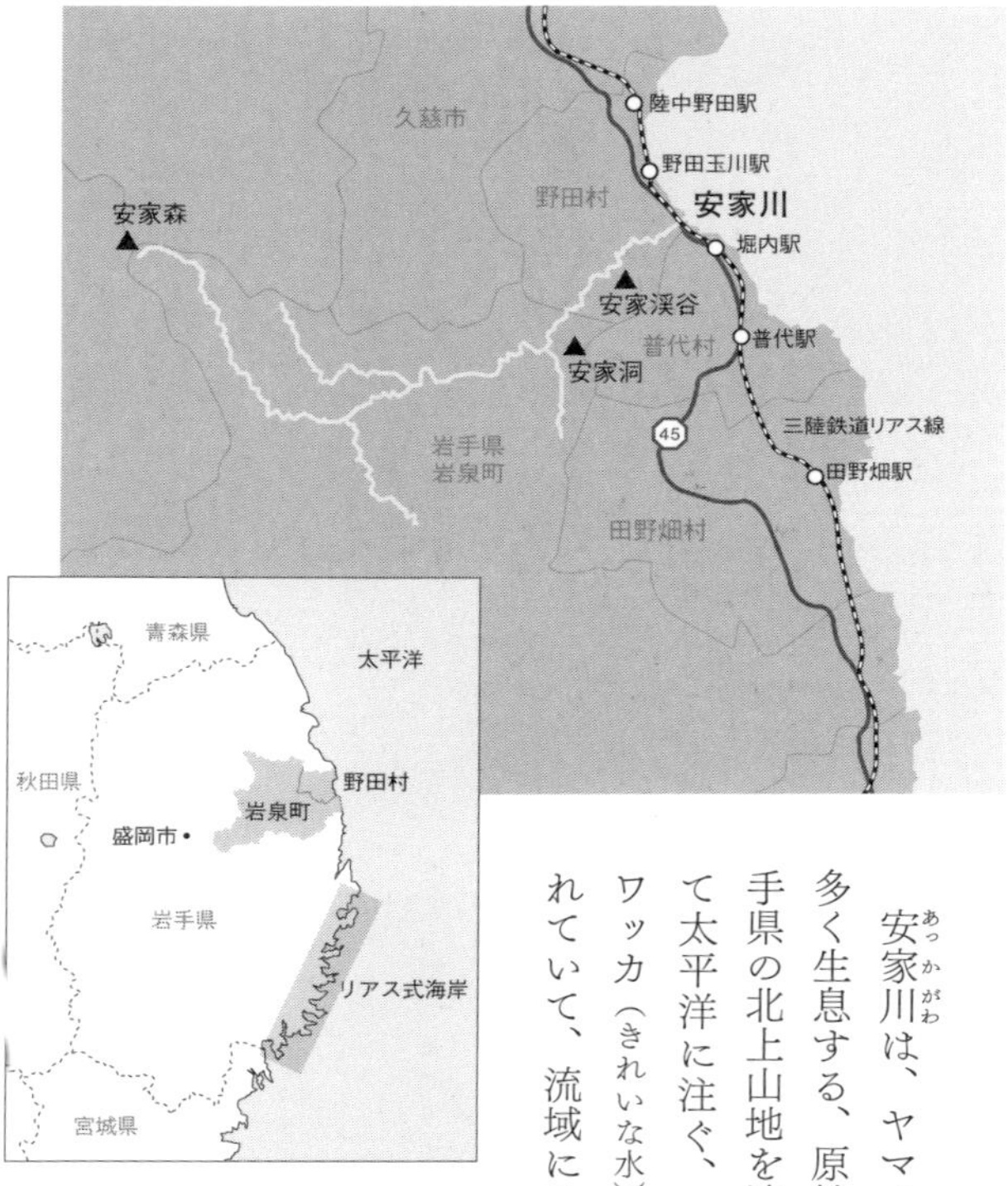

安家川《あっかがわ》は、ヤマメやイワナに代表される渓流魚が多く生息する、原始河川の面影を残す清流です。岩手県の北上山地を流源とし、岩泉町・野田村を流れて太平洋に注ぐ、約50㎞の清流です。アイヌ語のワッカ（きれいな水）という言葉が名前の由来と言われていて、流域にはダムがなく、上流部の山岳渓流ではイワナが、中・下流部の里川ではヤマメが主に生息し、この清流で育まれるアユは味のよさも格別です
しかし、２０１６年8月の台風による氾濫で大きな被害を受けてしまいました。
この川には天然記念物で絶滅

危惧種でもある「カワシンジュガイ」が生息していますが、激流に流され絶滅してしまったのでは、と心配されていました。しかし2024年の生息状況調査で、上流域での生息は確認できなかったものの、中・下流域では目視で約3千匹の生息を確認することができ、ホッとしました。

今後もカワシンジュガイが生息する、日本屈指の「夢の清流」を目指した活動を進めていきます。

生息域のコロニー

生息適地の景観

カワシンジュガイとイワナ、ヤマメの関係

イワナ・ヤマメとカワシンジュガイには、驚くべきことに、神秘的な相互依存関係があります。日本にはカワシンジュガイとコガタカワシンジュガイという2種類が生息していますが、前者はヤマメに、後者はイワナの幼魚のエラに寄生します。

ここではヤマメとカワシンジュガイについて説明します。

カワシンジュガイは水のきれいな川にしか生息できず、水棲生物が住みやすい環境づくりにひと役かっている一方、ヤマメは餌となる昆虫類が多く、産卵環境さえ整っていれば自然産卵による増殖が期待できます。

カワシンジュガイは冬の産卵期に水中に幼生を放出し、ヤマメの幼魚のエラに寄生します。40〜50日後に約0・5㎜の稚貝に変態して川底に脱落しますが、人間の寿命をはるかに超える100年以上とされるカワシンジュガイの生活史がここからスタートします。

川底のカワシンジュガイは、川の中の有機物を生物たちが摂取しやすくするような働きをします。この働きにより渓流の女王ヤマメなどの魚影が濃くなり、自然・生物の多様性に富んだ究極の清流が蘇るのです。しかし、カワシンジュガイの生息条件はとてもデリケートで、ヤマメと同様、水温20℃以下のきれいな川でしか生きていけません。また継代的に子孫を残していくには、この宿主であるヤマメが同じ川に豊富に生息していることが条件となります。

昨年11月と今年の5月に、カワシンジュガイの生息状況を徹底的に調べてみました。

嬉しいことに、目視で3千匹近い個体数のカワシンジュガイを確認できました。残念ながら上流部ではカワシンジュガイの生息は確認できませんでしたが、中流から下流のポイントには本当にたくさんのカワシンジュガイがコロニーを形成しており、同時に多くのヤマメの稚魚も確認することができました。

つまり、ヤマメに寄生して上流に運ばれ、上流域までのいたるところにカワシンジュガイが生息する日がくる可能性がでてきたということです。それには、ヤマメ（サクラマス）が生息しやすい環境を考

カワシンジュガイの生息適地

安家川《あっかがわ》では、今でも継代的に子孫を残せていることがわかりました。

え、実現していくことが次のステップかなと思っています。安家川《あっかがわ》がかつての理想の清流、カワシンジュガイの宝庫に再生できる日もそう遠くないと思っています。

今後も岩手県立博物館・渡辺修二先生のご指導の下、環境調査・底生生物調査・魚類採集調査などを進めていきたいと考えています。

渡辺修二先生
岩手県立博物館
主任専門学芸員 博士（農学）

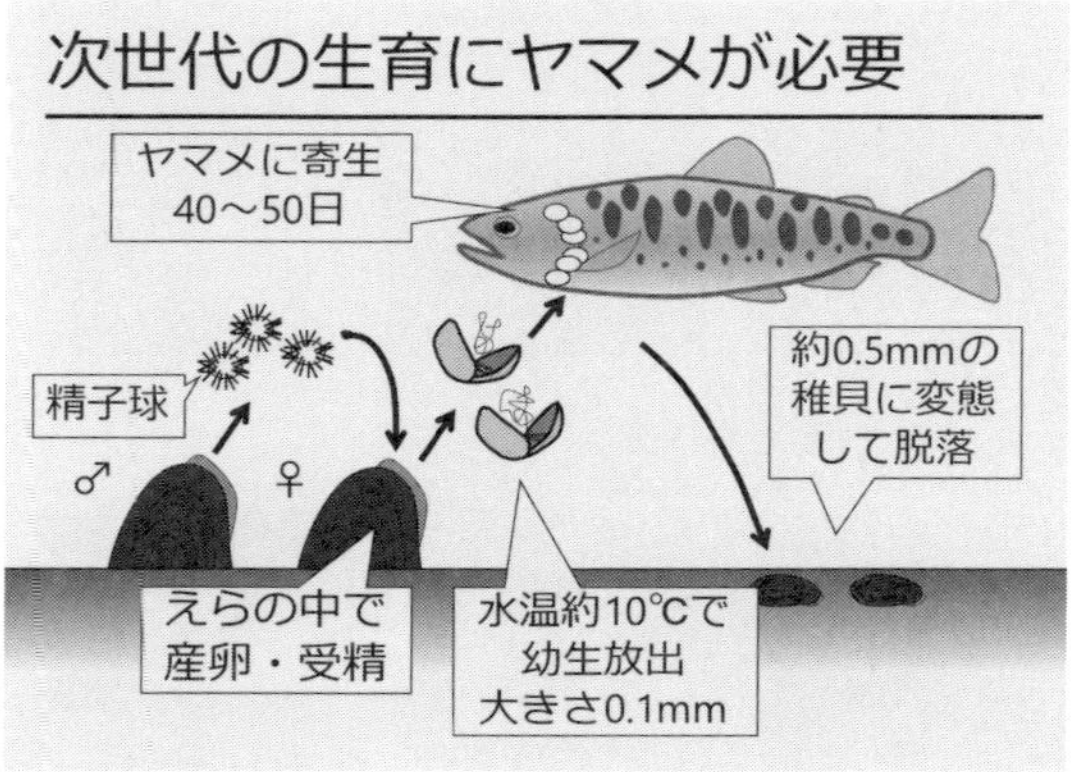

〔作成〕渡辺修二先生
岩手県立博物館
主任専門学芸員 博士（農学）

食、装飾品、穀物の採り入れ道具として

繰り返しになりますが、カワシンジュガイは川に生息し、繁殖に魚を利用し、さらに人間よりも長生きする二枚貝です。

この貝は、夏の水温が20℃を超えないような淡水の冷たい川で暮らしています。殻の長さが15㎝ほどになり、川底に突き刺さったような状態で生活し、群れたカワシンジュガイで川底が真っ黒に見えることも珍しくありません。

日本にはカワシンジュガイとコガタカワシンジュガイという2種類が生息しており、前者は北海道と山口県までの本州、後者は北海道と青森県、岩手県、長野県で生息が確認されていますが、近年の温暖化などで生息が危ぶまれている地域もあります。

カワシンジュガイの名前の由来は、英名の「freshwater pearl mussel（淡水真珠貝）」から来ています。ヨーロッパでは古くは、この貝から真珠を採っていたようで、貝殻の内側に真珠層をもつことから、この真珠層をくりぬいて衣服のボタンを作ったり、装飾品として使ったりしていたという記録があります。

日本でも、カワシンジュガイの殻が縄文時代の遺跡から発掘されることがあり、昔の人々が食用や装飾用に使っていたと考えられています。

それ以外の使用方法としては、北海道のアイヌの人々が貝殻を穂摘み具として昔から利用してきた

ことが知られています。貝殻に穴を空けて紐を通して手で持てるようにしたものを、穀物の採り入れの際に使っていたそうです。

カワシンジュガイは100年以上、生きる

カワシンジュガイ類は、オスとメスが存在する雌雄異体であり、繁殖期になるとオスが河川水中に精子球を放出し、メスがそれを吸い込んでエラの中で卵を孵化させます。産まれた幼生は成熟すると水中に放出され、サケ科魚類のエラに触れると寄生を始めます。寄生した幼生は宿主である魚から栄養をとり、40~50日間、寄生して過ごして変態します。変態をとげて稚貝になると、宿主のエラから離れて川底で生活を始めます。

その後、数十年の長い歳月をかけて大人の貝に成長していきます。

カワシンジュガイ類はサケ科ならどんな魚にも寄生できるわけではありません。国内のカワシンジュガイ類2種では、カワシンジュガイは主にヤマメに、コガタカワシンジュガイは主にイワナに寄生します。

このように、カワシンジュガイの仲間が継代的に子孫を残していくには、宿主に適した魚が同じ川に豊富に生息している必要があるのです。

カワシンジュガイは、１００年以上生きる驚きの長寿命生物です。冷たい川底に生息するカワシンジュガイ類の成長はとても遅い一方、とても長生きであることも知られています。国内のカワシンジュガイでも、北海道東部の川で１５０歳を超える年齢のカワシンジュガイが見つかっています。

１５０年という寿命は恐らく、国内に生息する動物の中でもとくに長い記録といえるのではないかと思います。コガタカワシンジュガイについても、北海道東部で80歳を超えることが確認されています。

カワシンジュガイの仲間は、自然界においても極めて重要な役割を果たすことがこれまでの専門家の研究からも明らかにされています。

例えば、カワシンジュガイ類は河川水中を流れる有機物をエラに吸い込み、糞や擬糞（消化できなかった有機物など）を吐き出します。この吐き出された有機物は川底に沈みやすく、本来であれば川の水に浮いた有機物はそのまま流され、その多くが川底にいる生き物が利用しにくい状態で存在しています。しかしカワシンジュガイ類が、川を流れる水の中から川底へと有機物を運ぶ役割を果たしてくれるおかげで、川底の生き物がそれを利用しやすくなります。

このためカワシンジュガイ類の生息する川底では、水棲昆虫などの無脊椎動物の数が増える事例が報告されています。貝殻そのものも水棲昆虫の物理的な隠れ家としての役割を果たし、水棲昆虫のような小さな生き物が流されたり、他の生き物に食べられたりするのを防いでくれるのです。

「カワシンジュガイ」と「ヤマメ」のミステリアスな関係

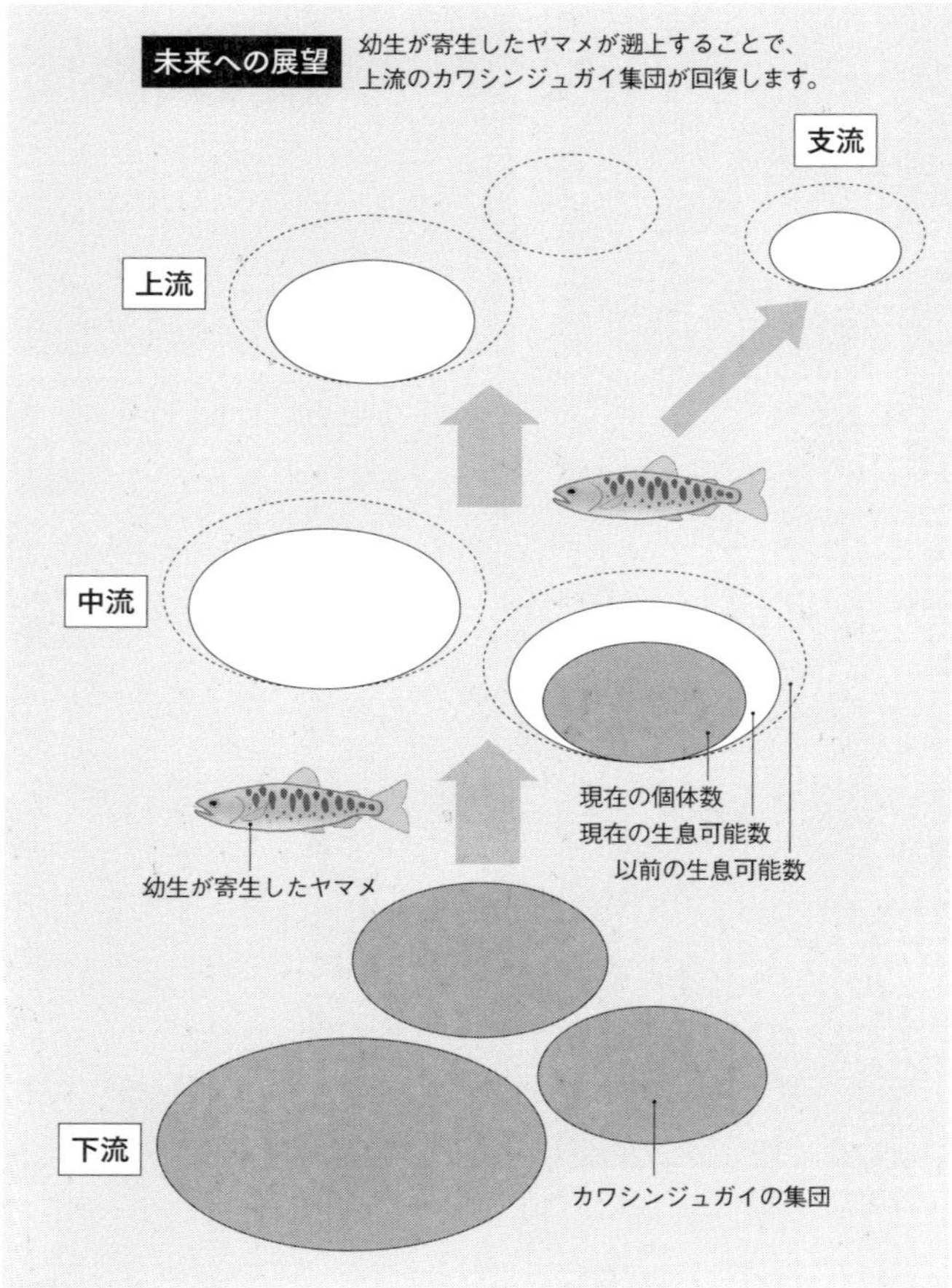

〔作成〕渡辺修二先生
岩手県立博物館
主任専門学芸員 博士（農学）

カワシンジュガイとヤマメの関係は不思議です。

寄宿する魚はヤマメの仔魚だけです。どうやって見分けているのでしょうか。

天然ヤマメの魚影が下流域でも濃い「安家川《あっかがわ》」は、下流域のカワシンジュガイの幼生たちがヤマメとともにだんだん中流・上流へと遡上して、原始の川の面影といわれた豊かな清流に蘇ってくれることを妄想すると、それだけで嬉しくなります。

水辺林とカワシンジュガイ復活に向けた自然の連鎖

未来への展望

安家川は洪水とその復旧工事により、多くの水辺林を喪失しました。カワシンジュガイ復活の鍵となるのは、陸域と水域を繋ぐ水辺林の回復です。

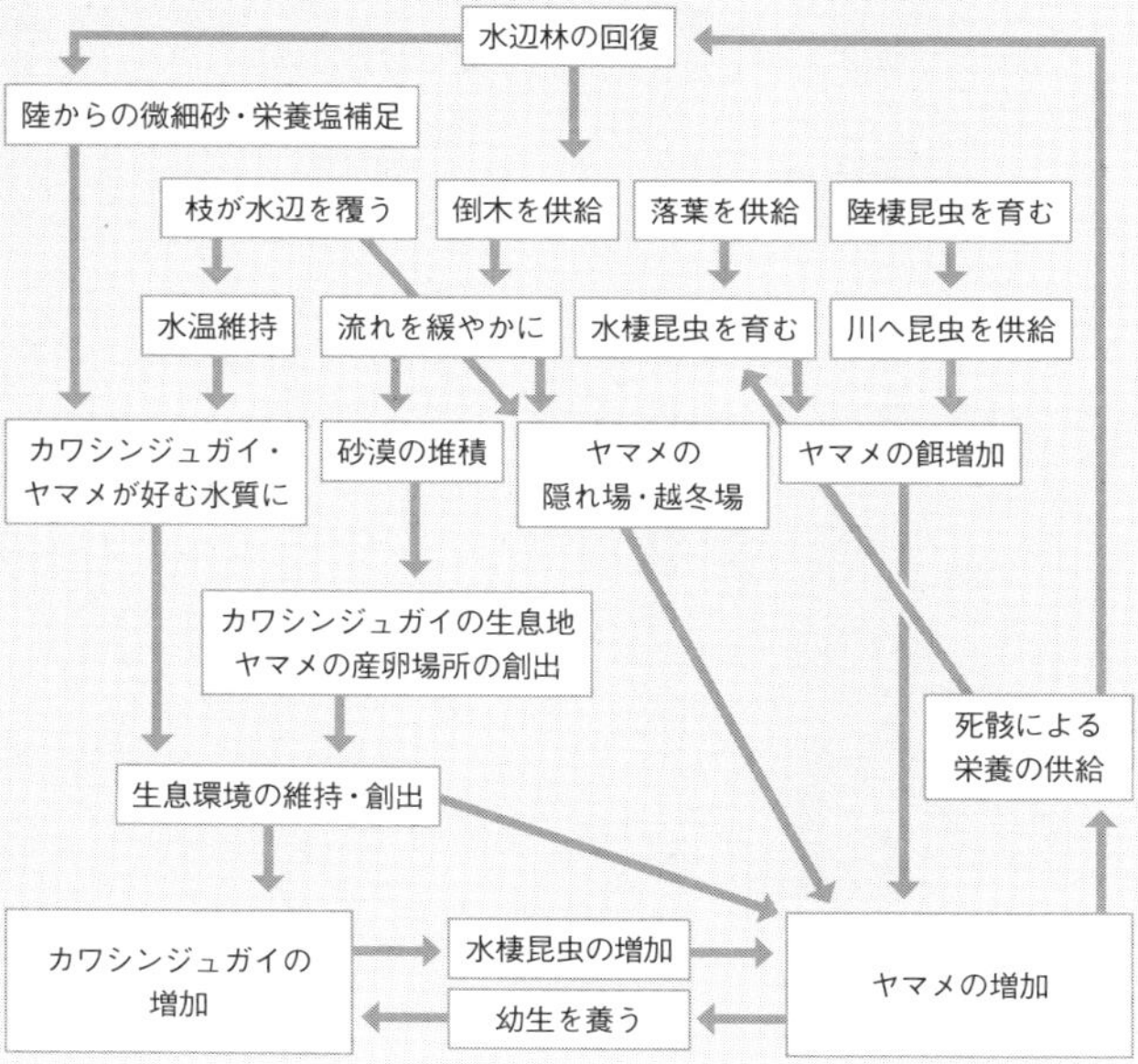

〔作成〕渡辺修二先生
岩手県立博物館
主任専門学芸員 博士（農学）

水辺林から始まる生命地域主義は、とても繊細で奥が深いと感じます。これだけの環境が整わないとカワシンジュガイは継代的に生き続けることができないのです。このため、砂防ダムによる川の分断や川底にコンクリートブロックを敷設した場所からはカワシンジュガイが消えてしまいます。

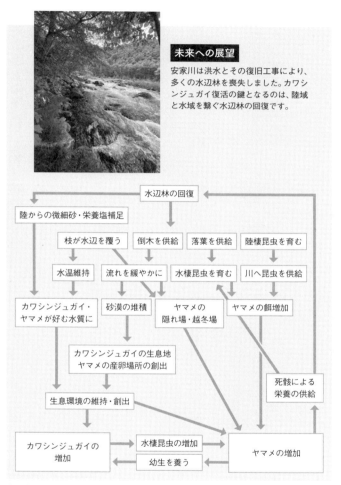

カワシンジュガイ類個体群が、近い将来に絶滅してしまう可能性は高いのでしょうか。一見健全に見えるカワシンジュガイ類の個体群であっても、稚貝が見つからない大型の老齢な個体しかいない個体群が多く存在することもわかってきました。これは、老齢な個体は長寿なために生き残ってはいるけども、稚貝が増えず、世代交代がうまくいっていないことを示しています。はからずも、私たち人間社会が直面している超高齢化社会の問題を連想させます。


このように長寿命で、魚への寄生を必要とする複雑なメカニズムで生き抜くカワシンジュガイ類は、水質悪化で幼生や稚貝が生き残れないといった直接的な影響のみならず、河川の分断化による宿主魚の絶滅など、宿主魚を介した間接的な影響も解明して、夢の清流との再会を願っています。

カワシンジュガイ類は不思議な生態を持つだけでなく、歴史や文化とのつながりも深い生き物といえます。また、地味な生き物ながら生態系においてとても重要な役割を果たしていて、彼らの絶滅は川の生態系を大きく変えてしまう可能性があります。

天然ヤマメに寄生して上流に移動

洪水や復旧工事などの環境変化によって、上流や中流ではカワシンジュガイの個体数が減少しただけでなく、生息可能な場所も減少しました。

カワシンジュガイは自力で上流に移動できないので、上・中流で個体を増やすには、下流で幼生を寄生させたヤマメが、上流に移動してくることが必要です。放流されたヤマメはあまり上流へは移動しないため、天然魚が重要です。ヤマメの放流は、生存競争を激化させることで天然魚のヤマメを減少させることがわかっています。放流を極力減らし、天然魚が繁殖しやすい環境を整えることが効果的です。

環境変化により失われたカワシンジュガイの生息場所や、ヤマメの生息・繁殖場所を回復させるには、川岸に生育する森林、水辺林や河畔林の存在が重要なのです。

今後、ぜひ多くの方々にカワシンジュガイ類の魅力と重要性を知っていただき、適切な保全活動につながっていくことを願っています。

たくさんのカワシンジュガイを見かけたら、その重要性を思い出してもらうと共に、稚貝がちゃんと生息する健全な生息地かな、と気にしていただけると嬉しいです。

第5節　琵琶湖の安曇川《あどがわ》

琵琶湖は約４４０万年前に形成された古代湖で、たいへんミステリアスです。40～１００万年ほど前に現在の位置に移動してきました。

古代湖とは、およそ１００万年以上存続している湖の呼び名です。一般的に湖の寿命は数千年から数万年といわれており、これは流入する河川からの堆積物で湖が埋め立てられるためです。しかし古代湖は、断層活動によって地殻に深い裂け目が生じた結果生まれた構造湖として区別されています。

古代湖は水域が長期間に

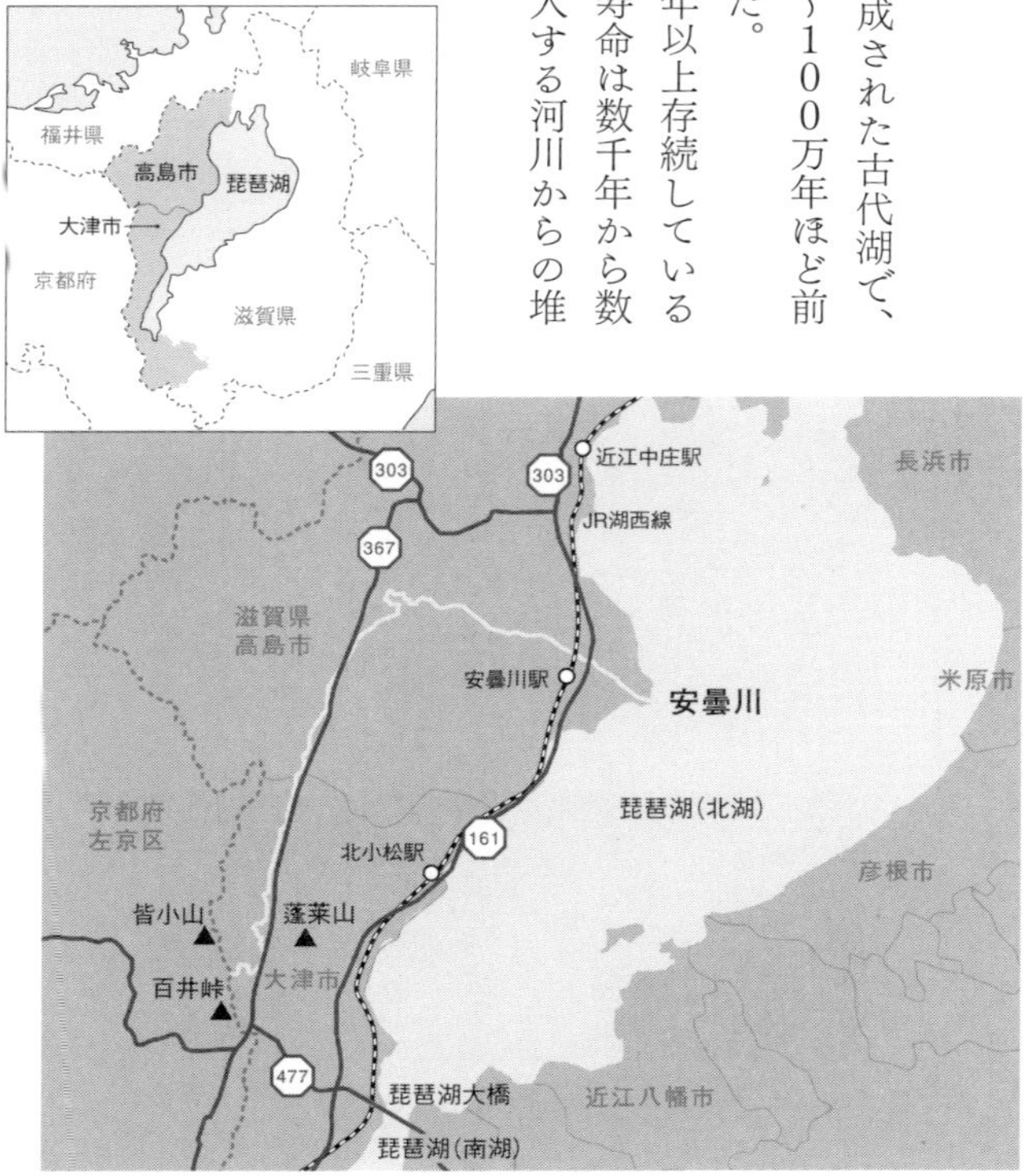

渡って存在するため、固有種と呼ばれる、その湖に適応して独自の進化を遂げた生物による豊かな生態系が見られます。古代湖は世界でも20箇所ほどしか確認されていないそうです。ロシアのバイカル湖、アフリカのタンガニーカ湖などが琵琶湖と同じ古い淡水湖です。

琵琶湖は「淀川水系」に属する一級河川で、その琵琶湖に湖西から注ぐ「安曇川《あどがわ》」ももちろん一級河川です。琵琶湖の外周は235㎞、湖面標高約85m、湖底が最も深い水域は竹生島と安曇川《あどがわ》河口の間にあり、最大水深は105mくらいです。安曇川《あどがわ》から琵琶湖に流下する河川水量は、全河川（約450）の中で最も多い約28％を占めています。その流程は約58㎞、豊かな森林に育まれた魅力的な川です。
琵琶湖を南北で分類すると、一番幅の狭い琵琶湖大橋を境に北側を北湖、南側を南湖と呼ぶ

安曇川《あどがわ》北流とその河口

安曇川《あどがわ》南流とその河口

そうですが、若い地形で水深70mを超す北湖に対し、南湖は湖沼の発達ステージの終末状態に近く、水深5m以下です。南湖から流れ出る瀬田川が唯一の流出河川で、宇治川、淀川と名前を変えて、大阪湾へ至ります。

変わらずに生息するビワマス

安曇川《あどがわ》は河口から約2㎞上流地点で分岐して北流・南流となり琵琶湖に注ぎます。

ここからほど近いところに琵琶湖最深部があり、多くのビワマスが生息しています。ビワマスは冷水を好み、その多くが琵琶湖の深部に生息しています。古代湖であるがゆえに、固有種として独自の進化を遂げた琵琶湖にしか生息していないマスです。

ビワマスは、琵琶湖が生んだ天然の宝石です。その生育至適水温は15℃以下とされ、中層から深層を回遊します。9月から11月、産卵期になると川を遡上し、産卵後には寿命を終えます。

近年の琵琶湖では、ブラックバスなどの外来種によって生態系や漁業に大きな影響が出ていて、深刻な問題となっていますが、ビワマスの生息数は40万〜50万尾で、外来魚がほとんど存在しなかった数十年前とほぼ同じの生息水準が保たれています。

滋賀県水産試験場の調査によると、ビワマスが川を下って琵琶湖の深場へ移動する際、他の魚類のように浅場に長時間留まらず、素早く河川を下って深場へ移動するので、琵琶湖上層部を生息域とする外来魚の影響を受けにくいためと考えられているそうです。

まさに水温の壁が自然の要塞になっているわけで、なんだかホッとする話しです。

ビワマスについてもう少し詳しく説明すると、ビワマス（琵琶鱒）はサケ目サケ科に属する淡水魚で、日本の琵琶湖にのみ生息する固有亜種です。

体側の朱点（パーマーク）は体長20㎝程度で消失し、成魚には見られません。成魚の全長は4年で40㎝～50㎝ほどですが、大きいものでは全長70㎝を超えることもあります。

他のサケ科魚類と同様、母川回帰本能を持つため、成魚は9月から11月下旬に琵琶湖北部を中心とする生まれた川に遡上し、産卵を行います。餌は、主にイサザ、スジエビ、アユを捕食しています。産卵期が近づくと、オス・メスともに婚姻色である赤や緑の雲状紋が発現し、餌をとらなくなります。オスは特に婚姻色が強く現れ、上下の両顎が口の内側へ曲がる「鼻曲がり」を起こし、メスは体色がやや黒ずみます。

パーマークの残る幼魚

産卵期になると川を遡上

湖底まで酸素がいき渡る全層循環

安曇川《あどがわ》は、河口から約2km上流地点で分岐して、北流・南流となり琵琶湖へ注ぎます。

琵琶湖では例年、寒冷期に溶存酸素量が表水層から深水層まで一様になる、全層循環という物理現象が起こります。湖底に棲息する生物に酸素を供給する働きをもち、「琵琶湖の深呼吸」とも呼ばれています。

湖沼などの閉鎖された水域環境において、冬季に表面の水が低温・高密度になって下降し、湖底の水と入れ替わる現象です。この鉛直方向の循環によって、水域全体に酸素が供給されます。それには冬季に湖の表面が十分に冷やされないと、この循環が遅れたり止まったりする場合があります。

琵琶湖北湖では、春から夏にかけて湖水が湖面から温められていくことで、湖面側の層（表層）と湖底側の層（深層）との間に水温が急激に変わる、「水温躍層《すいおんやくそう》」が形成されます。表層水温が30℃前後になる真夏でも水温躍層《すいおんやくそう》の下、水深20m以深では10℃前後のままです。

水温躍層《すいおんやくそう》が形成されると上下方向に水が混ざらなくなり、躍層より下への酸素の供給が滞ります。加えて深層では、湖底に堆積したプランクトンの死骸などの有機物の分解、あるいは水中や湖底にいる生物の呼吸などによって、水中に溶けている酸素（溶存酸素）の消費が進みます。

秋から冬にかけて、表層の水温が低下して水の密度が高くなると、水温躍層《すいおんやくそう》が弱まりながら徐々に深層へと下がっていき、表層から深層に向かって湖水の混合が少しずつ進みます。水温躍層《すいおんやくそう》が深層に達してなくなり、湖水の混合が湖底まで進むことにより、表層から底層（湖底直上の層）まで水温、溶存酸素の濃度、水質が一様になります。この現象を「全層循環」と言います。温帯域にある深い湖の多くでは、1年に1回の頻度で全層循環が湖全体に達し、湖底に酸素が供給されます。

２０１８年度は暖冬の影響も大きく、観測史上初めて、今津沖の深層の一部水域（水深約90ｍの水域）まで湖水の混合が十分に進みませんでした。また２０１９年度においても、その水域で全層循環が確認されず、2年連続で全層循環が未完了となりました。しかし、２０２０年度は3年ぶりに全層循環を確認し、２０２４年3月、4年連続で確認されています。

地球の温暖化はこのように自然環境に好ましくない影響を及ぼしているようです。

なんとしても琵琶湖のミステリアスな自然現象を守っていきたいものです。

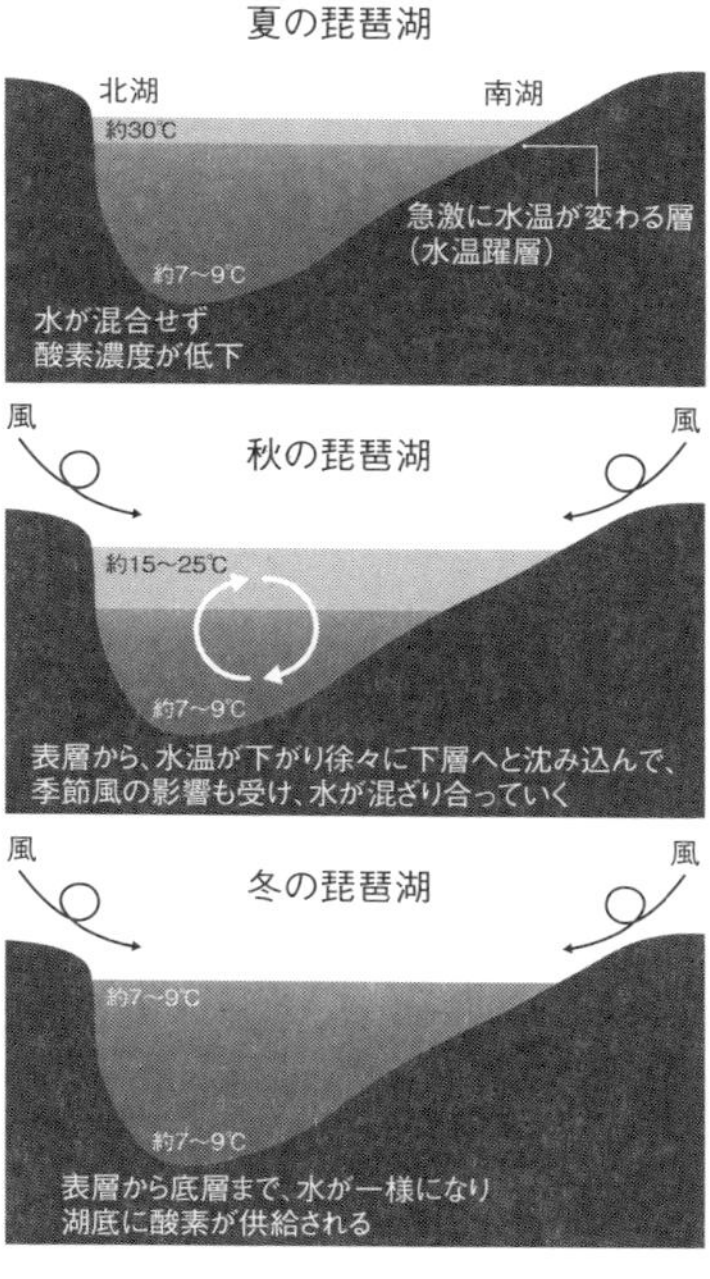

〔出典〕滋賀県琵琶湖環境科学研究センター
「琵琶湖の全層循環」
https://www.lberi.jp/setting/learn/jikken/junkan

継体天皇の生まれ故郷

安曇川《あどがわ》の河口、琵琶湖との合流部の付近には、集落跡の遺跡がいくつも発見されています。この辺りは、継体天皇の父の彦主人王《ひこしのおう》が住み、継体天皇がお生まれになった生誕の地とされています。

第26代継体天皇は幼い時に父である主人王を亡くしたため、母・振媛《ふりひめ》は、自分の故郷である越前国高向（現福井県坂井市）に連れ帰り、そこで育てられて「男大迹王《おおどのおおきみ》」として5世紀末の越前地方を統治していました。しかしその後、武烈天皇の崩御後にその人望と品格から皇位継承を懇願され、507年、58歳にして河内国樟葉宮《くすはのみや》（現・大阪府枚方市）で即位し、武烈天皇の姉にあたる手白香皇女《たしろかのひめみこ》を皇后としました。

継体が大倭（奈良）の地ではなく樟葉《くすは》において即位したのは、樟葉《くすは》の地が近江から瀬戸内海を

琵琶湖北西部の水深の一番深い地域

結ぶ「淀川」の中でも特に重要な交通の要衝であったからであると考えられています。

その後19年間は大倭入りせず、511年に筒城宮《つつきのみや》（現・京都府京田辺市）、518年に弟国宮《おとくにのみや》（現・京都府長岡京市）を経て526年に磐余玉穂宮《いわれのたまほのみや》（現・奈良県桜井市）に遷ったとあります。

継体天皇は越前から樟葉宮《くすはのみや》に向かう途中に、生まれ故郷である安曇川《あどがわ》の河口付近のこの地に立ち寄ったとされていますが、琵琶湖や安曇川《あどがわ》に何を想ったのでしょうか。そして現在の南湖から流れ出る瀬田川から宇治川を通り、淀川の樟葉宮《くすはのみや》に入り、大和王権を統治されたのでしょうか。

なんだか琵琶湖周辺にも、いま忘れ去られている川にある時空の流れを感じます。ここにも先人たちとの智や精神の共有が感じとれます。

継体天皇は26代天皇として宮内庁のホームページにも掲載されていますが、それ以前の天皇は雄略天皇を除いて実在がはっきりしていないそうです。

情景　平安の和歌のなかの川

ここで、平安時代の川にまつわる和歌をご紹介します。その趣はまた格別なものがありますので、まず百人一首の中から私の好きな和歌をエピソードを添えてご紹介します。

まずは宇治川に行きましょう。


『朝ぼらけ 宇治の川霧 たえだえに あらはれわたる 瀬々の網代木《あじろぎ》』藤原定頼《ふじわらのさだより》

この歌はアユと関係があります。平安の時代から琵琶湖周辺のアユは朝廷への大切な献上品だったようです。

日本最大の湖「琵琶湖」を源とする淀川は、京都府域において宇治川と呼ばれています。宇治川は宇治市の中心に架かる宇治橋の下流15km地点で左からの木津川と右からの桂川が合流して淀川となります。大阪湾に注ぐまでの全長は75kmの川です。

四条大納言公任《きんとう》の長男で、父親譲りの書や管弦が上手い趣味人であり、正二位権中納言にまでなりました。

「明け方、あたりが徐々に明るくなってくる頃、宇治川の川面にかかる朝霧も薄らいできた。その霧がきれてきたところから現れてきたのが、川瀬に打ち込まれた網代木だよ。」

「網代《あじろ》」は、冬に氷魚《ひお》（アユの稚魚のこと）を獲る仕掛けです。平安の当時、宇治川の風物詩でした。「網代木《あじろぎ》」は網代の杭のことです。美しい風景を歌った典型的な「叙景歌」です。さぞ美しい光景だったことでしょう。


次は由良川です。京都府丹波高地の西、杉尾峠に源を発して若狭湾に注ぎます。

『由良《ゆら》の門《と》を　渡る舟人　かぢを絶え　ゆくへも知らぬ　恋の道かな』曽禰好忠《そねのよしただ》

「由良川が海と接する河口の海峡。潮の流れが複雑で流れも速い。舟に慣れた船頭でさえ、つい流れに櫂を取られてなくしてしまい、急流の中の木の葉のように翻弄されてどうしようもできなくなってしまう。私の恋もそれと同じだ。これからどうなるのか行く末もわからぬ恋の道よ。」

貴族社会の恋の歌ですが、斬新な歌で知られ、歌の才能を高く評価されていましたが、性格が偏屈で奇行が多く、社会的には不遇だったそうです。作者は、偏屈ゆえにうまくいかない恋心を急流に翻弄される船頭にたとえ、由良川の河口に佇んだのでしょうか。

河口の宮津市由良は、河口近くで京都丹後鉄道宮舞線が渡ります。河口の両側は神崎海水浴場、丹後由良海水浴場があり、夏には大勢の人出で賑わうそうです。

そして有名な竜田川に行きましょう。

『ちはやぶる　神代《かみよ》も聞かず　竜田川　からくれなゐに　水くくるとは』在原業平《ありわらのなりひら》
奈良県生駒郡斑鳩町竜田にある竜田山のほとりを流れる大和川水系の支流です。

不思議が多発した神代の昔でさえも聞いたことがないほど、竜田川の一面に紅葉が浮いて真っ赤な紅色に水をしぼり染めているとは、という情景描写ですが、竜田川を人とみなす「擬人法」で、実は恋愛関係にあった天皇の女御・二条の后に捧げた「屏風歌」のようです。「からくれない」は「唐紅」で韓や唐のこと、当時の最高級の意味です。

さすが在原業平《ありわらのなりひら》は平安時代を代表する美男子で、「伊勢物語」の主人公のモデルです。むかし男ありけり、稀代のプレイボーイという感じです。

斑鳩町の竜田川沿いには河川敷緑地の奈良県立竜田公園が約２㎞にわたり整備されています。毎年11月下旬から12月上旬にかけて竜田公園において「紅葉祭り」が開催されています。


そして、そろそろ武士の存在感が増してきました。

『瀬をはやみ　岩にせかるる　滝川の　割れても末に　あはむとぞ思ふ』崇徳院《すとくいん》

川の瀬の流れが速く、岩にせき止められた急流が2つに分かれます。しかしまた一つになるように、愛しいあの人と今は分かれても、いつかはきっと再会しようと思っている、ロマンチックな恋歌です。しかし崇徳院《すとくいん》は「保元の乱」に破れて讃岐国松山（現在の香川県坂出市）に流された後、後白河天皇を呪い、ヒゲや爪を伸び放題に伸ばして恐ろしい姿になりました。調べに訪れた朝廷の使いは「生きながら天狗と化した」と報告し、また今昔物語では西行が讃岐を訪れた際に怨霊となって現れます。
和歌は、心の在り様、感情をひたすら歌うポエムです。奈良、平安、鎌倉の時代に台頭し、明治時代に短歌として体系化されましたが、分析と批評、認知した風景、記憶としての情景、心と感情の四つのメッセージを、五七五七七の三十一字でつづります。ここにも時空を超えた先人とのコモンズが底流にあるように感じます。

〔**参考文献**〕

小倉山荘 公式ブランドサイト「ちょっと差がつく『百人一首講座』」
https://ogurasansou.jp.net/columns　category/hyakunin/

第6節　朱太川《しゅぶとがわ》

――魅惑的な北海道南西部の川

この朱太川《しゅぶとがわ》には、本来あるべき川の姿や守るべき地域の方々の想いが一体化された、素晴らしいユートピアが息づいていると感じます。

北海道後志《しりべし》地域の南西部に位置する黒松内町は、国の天然記念物に指定された歌才《うたさい》ブナ林をはじめ、その面積の80％を森林が占めています。森に降る雨は122本もの川となり、やがてそれらは朱太川《しゅぶとがわ》に集まり、寿都湾《すっつわん》に注ぐ43・5㎞の二級河川となります。

河畔林が豊かな川

朱太川《しゅぶとがわ》の本流には、魚たちの往来を妨げる横断構造物が存在しません。そのため、アユなどが源流まで遡上することができる、全国でも貴重な川です。町の中心部を流れているにも関わらず、その水は源流から河口に至るまで清く澄んでおり、また流域の貝化石の地層からミネラルが豊富に流れ出た水質は、水棲生物や農作物にとって大きな恵みとなっています。

決して大河とは言えない朱太川《しゅぶとがわ》ですが、上流下流を問わず両岸には河畔林が生い茂っているのを目にすることができ、日本でも有数の自然豊かな河川環境を保っています。

日本海の寿都湾に注ぐ朱太川《しゅぶとがわ》の河口付近

街の中心部を流れる中流域でも
素晴らしい河川環境を維持している

木々が生い茂る上流域

黒松内町は町の面積の80%を森林が占め、世間の環境意識が高まる以前から自然環境の保護を行ない、自然と調和する町づくりに取り組んできました。２０１５年６月には、２万４千年前から存在し、日本最古の湿原のひとつである「歌才《うたさい》湿原《しつげん》」の所有権を取得し、その貴重な環境の保全を行なっています。

環境保全が進められる「歌才《うたさい》湿原」

朱太川《しゅぶとがわ》のアユ。低温環境の影響か、本州などのアユに比べて脂がのった個体が多いという。
河川生活では約３ヶ月程度で急速に成長＆成熟する必要があり、またふ化後の海洋生活では生息環境の限界に近い冬期の低温を乗り越える必要がある。そのため、北限域の個体群には特殊な資質が備わっているのかもしれない。

朱太川《しゅぶとがわ》が良好な自然環境を保っているのは、こうした黒松内町の長年に渡る活動があってのことです。黒松内町では生物多様性地域戦略において、今後の朱太川《しゅぶとがわ》に対する取組を示していますが、「河川敷を湿地に戻し、生きものが住みやすい環境づくりを検討する」「支流の砂防ダムにたまった土砂を下流へ供給するために溝（スリット）を入れたり、構造物そのものの撤去を検討する」といった内容になっており、朱太川《しゅぶとがわ》の自然環境を保全していこうという黒松内町の意向がはっきりと見てとれます。自治体がリーダーシップをとって、率先して地域の活性化に向けた活動をしています。

アユやサケ、イトウが海と川を行き来し、カワシンジュガイがヤマメとともに住み、川沿いの湿地で生まれたヤツメウナギが海で成長し、群れをなして帰ってくる、母なる川・朱太川《しゅぶとがわ》。その流れのかたわらでは、オジロワシやシマフクロウが水辺で餌となる魚などを狙い、木々の合間ではクマゲラがはばたき、フジミドリシジミが舞います。北限のブナの森に抱かれた雄大な大地が魅せる様々な命の営み、黒松内低地帯に特有の気候風土に育まれた美しい農村風景が広がっています。

しかし、治水整備による流れの直線化やコンクリートでの護岸工事によって、アシ原や湿地が姿を消したり、川底の砂礫が減少してしまうなど、朱太川《しゅぶとがわ》であっても生物の生息環境は損なわれてきています。

動物の境界線、植物の境界線

ブラキストン線という、津軽海峡を通る分布境界線があります。日本における特に重要な分布境界線で、そこで哺乳類や鳥類の分布が分かれます。

イギリスの動物学者のトーマス・ブラキストンが境界線の存在を提唱し、地震学者ジョン・ミルンの提案で、ブラキストン線と呼ばれるようになりました。ブラキストン線は、ツキノワグマやニホンザル、ニホンカモシカなどの北限、ヒグマやエゾリスなどの南限となっています。

津軽海峡の付近には、どうもいろいろな生物の分布境界線があるようです。言いかえると、本州と北海道の間には生物の北限と南限を分ける環境要因があるようですが、はるか昔の大陸活動に影響しているようです。津軽海峡は最深部が449mと深く、現在の最短距離が19・5㎞あり、潮流も強い、という性質が動物の行き来を妨げているとも考えられています。

1988年の青函トンネルの開通によって、動物が歩いて津軽海峡を渡ることが可能となり、北海道と本州北部の生態系に変化があることが懸念されています。実際に、2007年には青森県でキタキツネの生息が確認されているようです。いやはや何とも、やるせない話です。

では、植物の境界線はどこにあるのでしょうか。

温帯林を代表する樹種であるブナは、北海道南西部の渡島半島付近にのみ分布します。つまり、本州から続くブナの分布地帯は「黒松内低地帯」で途切れてしまうのです。

動物の場合、津軽海峡を境に本州と北海道ではっきりとした分布の違いがみられます。（ブラキストン線）

同じように植物の場合、この黒松内低地帯が境界線となっています。それより南は低温帯の落葉広葉樹林（ブナ帯）であり、北は針葉樹と広葉樹の入り混じった北海道特有の針広混交林が広がっています。

私は、植物のブラキストン線は朱太川《しゅぶとがわ》にある、と思っています。

針広混交林という植生は、日本では北海道でしか見られないそうですが、トドマツ、エゾマツなどの常緑針葉樹とミズナラ、ハリギリ、シナノキ、カンバなどの落葉広葉樹を交えた独特の森林で、いろいろな植生の亜種が生息している可能性もあることから、大学や製薬会社の植物専門機関の研究対象になっています。

ちなみに、植物ブラキストン線（仮称）のあたりを北限としている魚類はアユ、南限としているのはオショロコマやイトウなどです。

歌才《うたさい》ブナ林と生きる川

朱太川《しゅぶとがわ》流域の歌才《うたさい》ブナ林は、いまだかつて人の手が入らない自然のままのブナの森です。地衣とよばれる菌類と藻類の複合体による独特の模様がついた白っぽい幹に、緑の葉をたっぷり茂らせたブナには魅せられてしまいます。芽吹きの時期に幹に耳をあてると、ブナが水を吸い上げる音を聴くことができます。新緑、黄葉、落葉と四季のうつろいも楽しめます。樹齢200年以上の大木や、直径2mにもなるミズナラの巨木に出会うこともできます。

クマゲラも生息しています。クマゲラは日本で一番大きなキツツキで、東北地方の一部と北海道に生息しています。特に東北地方では、ブナの天然林でしか確認されていないそうですが、ここ歌才《うたさい》の北限のブナ林でも観察できます。クマゲラたちは、営巣のための大木や餌となる昆虫のいる枯れ木や切り株などのある森がないと、生きていけない鳥なのだそうです。

鳥類のブラキストン線は津軽海峡ですが、ブナ林で生活するクマゲラは植物のブラキストン線である朱太川《しゅぶとがわ》に生息しているわけで、営巣や採餌に適した環境であることがいかに大切かを考えさせられます。

歌才《うたさい》ブナ林の季節ごとの見どころとしては、5月中旬に、芽吹くと同時に花を開きます。花は葉と同じように黄緑色をしているので目に付きにくいですが、1週間ほど開花したのち、受粉した雌花はそのまま実となります。

ちょうど同じ頃に、昨年の秋に落ちた実が発芽して実生になります。そして6月になると緑が濃くなり、7月になると若い実が枝先に見えるようになります。

ブナの実は豊作と不作が周期的に訪れます。豊作は5年から8年に1度だそうです。脂肪分が多いブナの実は、動物たちの大好物ですが、人間が食べてもとってもおいしいようです。黄葉の見ごろは10月下旬で、金茶色からやがて茶褐色に変わり、落葉します。ブナは落葉樹ですが、枝の一部に枯葉をつけたままの木も多く、金色の葉に雪の積もったブナ林はとても趣があるようです。

そしてたっぷり積もった落ち葉は大地を肥沃にし、その保水力は涵養林として洪水を防ぎ、朱太川《しゅぶとがわ》に生息する生きものたちに多くの栄養分をもたらすのが緑のダムなのです。

朱太川《しゅぶとがわ》は流域に多くの自然を湛えながら黒松内低地帯を流れて、寿都湾に注ぐ太古の面影を残した川なのです。

朱太川《しゅぶとがわ》流域の歌才《うたさい》ブナ林

第7節　南仏の川ニーヴ・ド・ベエロビ

——グローバルな地方創生

ここで唐突ですが、南フランス、バスク地方を流れるニーヴ川の支流ニーヴ・ド・ベエロビ川を紹介します。ピレネー山脈の北斜面を源流とするすてきな河川です。

この川の流れるサン・ジャン・ピエ・ド・ポー市（以下、ピエ・ド・ポー市と略す）は、スペイン、サンティアゴ・デ・コンポステーラ巡礼のフランス側国境の宿場町としても有名です。

この川を紹介する前にピエ・ド・ポー市の歴史について少しお話しします。

ピエ・ド・ポー市は、かつてスペインとフランスに跨るバスク地方を支配していたナバ

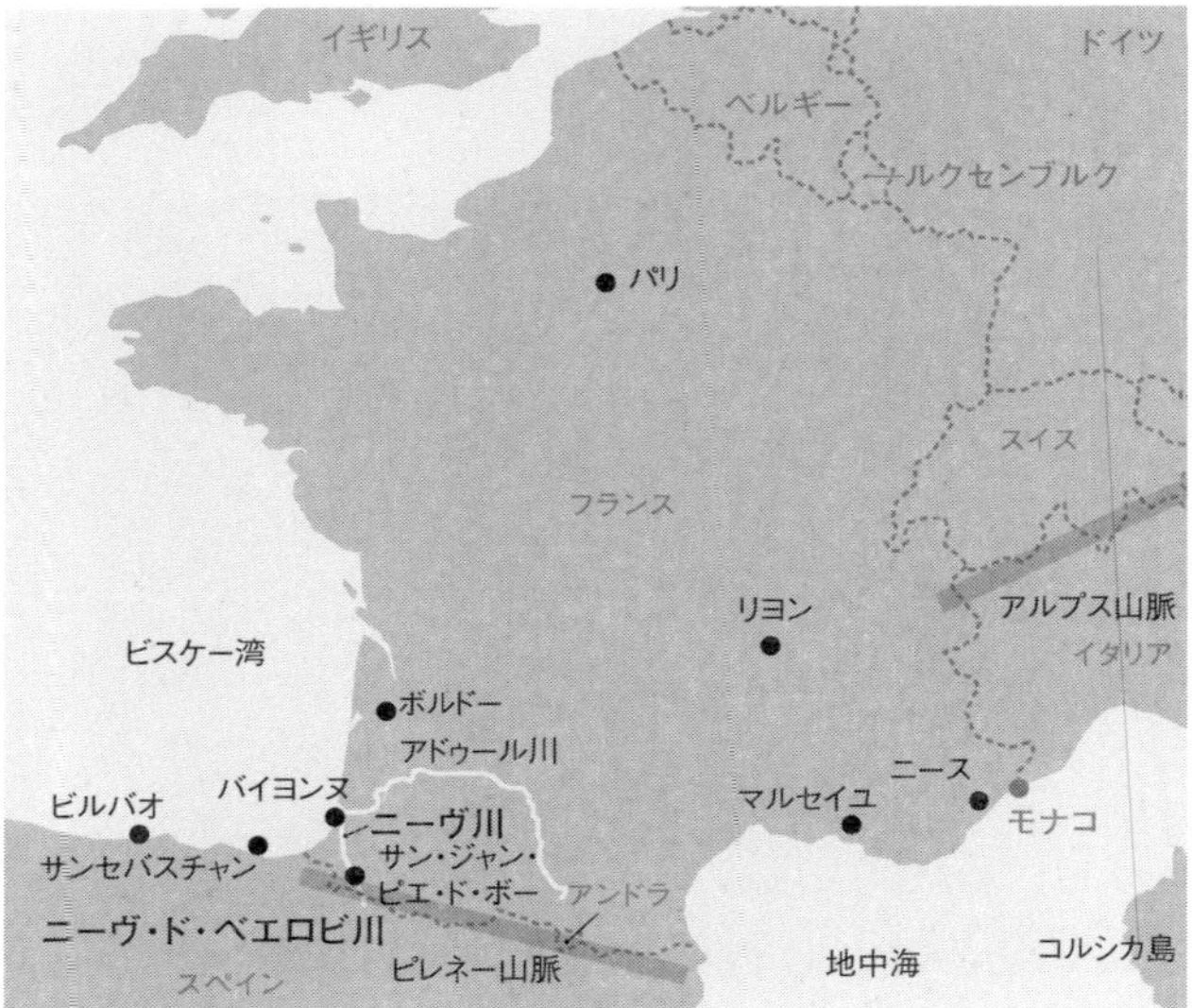

ラ王国が、12世紀終わりにシーズ峠（ロンセスバーリェス峠）の麓に要塞を築いたところです。当初はスペインのロンスヴォーからピレネー山脈を越える重要路一帯を監視する、軍事的な戦略的都市という位置づけでしたが、主要な都市を結ぶ商業的な魅力や、スペインへと続く巡礼路上の宿場町として国王自ら宗教的な重要性を認めたことで村は大きく栄えました。豊かな歴史的遺産やガストロノミー、祭り、牧歌的風景など、魅力溢れる街並みを今に受け継ぐその功績はニーヴ川の恩恵によるところが大きく、その支流であるニーヴ・ド・ベエロビ川にスポットライトをあてることにしました。

ニーヴ・ド・ベエロビ川は、やがてトロワゾ（3本の水）とよばれる合流点でロリバル川、ニーヴ・ダルネギ川を合わせてニーヴ川となり、北へ流れバイヨンヌでアドゥール川に合流します。大西洋サケが遡上する川であり、フライ・フィッシングのスポットとして知られています。
そして、ここでは日本のテンカラ釣が北米経由で伝わり、今でもとても人気があります。

トロワゾ（3本の水）とよばれる合流点でロリバル川、
ニーヴ・ダルネギ川を合わせてニーヴ川となります。

フランスの川との交流を求めて

私たちはかねてより、過疎化した地域の地方創生こそグローバル化すべきと考えており、前述の高知県野根川《のねがわ》との川を中心とした提携を計画し、この地を訪れました。

いろいろな観点から世界のどの国の河川がいいかの検討を始めたのですが、テーマとしては「川と地域産品をはじめとする交流」がしやすいこと、四国巡礼との相性がいいことなどが条件としてありました。日仏友好をテーマに活躍中の岩田女史と、フランス在住の友人パトリック氏に依頼して、野《の》根川《ねがわ》にふさわしいお見合い相手を南仏で探してもらうことになりました。

日本の清流にふさわしいフランスの川というオファーに、パトリック氏は相当悩んだようですが、結局、ピレネー山脈北斜面を源流とするニーヴ・ド・ベエロビ川がよかろうということになり、ピエ・ド・ポー市長に面会に行きました。


話が前後しますが、ピエ・ド・ポー市に着いて早々にニーヴ・ド・ベエロビ川の源流域に入ってみましたが、理屈なしに嬉しくなりました。まず渓相が野根川《のねがわ》とそっくりだったこと、そして流域は落葉広葉樹林でありブナや野生カエデなどが観察できたことです。ここは日本の清流かと、なぜか目を瞑って辺りの気配を嗅ぎまわり、妙な親近感を感じたことを思い出します。唯一違ったのは、川にいる魚がアマゴではなくブラウントラウトなのです。そりゃそうです、つながっている海が大西洋なんですから。

ここは大西洋サケ族のテリトリーでした。ここのブラウントラウトにも、渓流に残る残留型と海に下りる降海型がいるそうです。やはり自然のシステムは共通点が多いのです。

ニーヴ・ド・ベエロビ川は、トロワゾ合流点からニーヴ川となり、やがてアドゥール川に合流し大西洋に注ぎます。はるか昔からの治水・利水で、アトランティックサーモンやブラウントラウトの遡上を考えた川づくりをしている点で、バスク地方の先人たちの川への思いに心を巡らせました。また日本は四方を海に囲まれているので、日本人は海と川がつながっていることの大切さについて世界一疎いのではないか、と頭をよぎりました。

ニーヴ・ド・ベエロビ川のほとりにあるオーベルジュを訪れた人たちは、地元のワイン、イルレギーで喉を潤し、マスのソテーとラムステーキに舌鼓を打ちます。少し郊外に出ると、広大な丘陵地帯の羊の放牧地や、晴れた日には遠くピレネー山脈を眺めることもできます。

バスク栗に代わって和栗を

ピエ・ド・ポー市の人々は皆、自分の住んでいる田舎町にプライドを持って生きています。都会人のための田舎ではなく、自分たちの土地に愛着と厳しさを持っています。だから社会的な共有の意識を先人たちとも共有できているのだと思います。

これからの日本の地方創生の在り方に、大いに参考になる大事なことだと感じました。なんでもないものの魅力、真にローカルなものを磨けば必然的にグローバルになるのかもしれません。


ピエ・ド・ポー市長に面会するとすぐ、市長は名産の栗を買ってほしいと言ってきました。その栗の木は、バスク栗が病気で絶滅の危機に瀕したときに明治政府がバスク地方に寄贈した和栗で、たいへん見事に繁殖していると聞きました。すかさずとり寄せて品質を調べると同時に、東京農業大学の醸造学部に依頼して、バスクの栗と野根川の水を活用して造るリキュールの開発を進めていただきました。

たいへんおいしい栗リキュールになったのですが、量産化には至らず、今なお熟成中だったのですが、残念なことにコロナ禍で中断しました。

再びこの美しい川たちの交流が始まることを、切に願ってやみません。

当時、ウォーターズ・リバイタルプロジェクトのホームページにアップした原文を紹介します。

高知県東洋町とフランス・バスク地方サン・ジャン・ピエ・ド・ポー市が友好河川を通じて交流開始

高知県安芸郡東洋町（松延宏幸町長）はこのたび、フランス・バスク地方のサン・ジャン・ピエ・ド・ポー市（ローラン・インショスペ市長）と河川を通じて両地域の友好関係を深めていく事業に取り組むことを発表しました。

東洋町には日本を代表する透明度の高い清流のひとつで、アユやアマゴなどが棲息する豊かな生態系を育む「野根川」（徳島県海陽町から東洋町を経て太平洋に流れる全長30㎞）が流れ、また、サン・ジャン・ピエ・ド・ポー市にはブラウントラウトなどが棲息する「ニーヴ・ド・ベエロビ川」（仏南西部バスク地方を流れるニーヴ川の三源流のひとつで、全長15㎞）という清流が流れています。

両地域は両川を友好河川と位置づけ、川を通じて文化的、人的、経済的（産品）交流をはかっていくことで合意致しました。両地域には川とその流域の自然と自然の恵みを大切に、長年生活を営んできた歴史があります。

またサン・ジャン・ピエ・ド・ポー市は、スペイン、サンティアゴ・デ・コンポステーラ巡礼のフランス側国境の宿場町としても有名で、この地で休息したのち、巡礼者は難所ピレネー越えに挑みます。

日本との縁も深く、キリスト教を日本に伝えたフランシスコ・デ・ザビエル（1506～

1552）の父方の郷里であり、また、第二次大戦後、敗戦で打ちひしがれていた日本人を勇気づけた日仏学院院長であったカンドウ神父（ソーヴール・カンドウ 1897〜1955）の故郷でもあります。
本事業は7月29日 東洋町と徳島県海陽町とが地域活性化を目的に設立された「南四国アイランド活性化協議会」の活動の一環として、コラボ産品開発事業等、積極的に進めていく予定です。なお、当事業は同町が野根川の再生事業を委託し、観光資源として川を活用し、地域の経済発展に取り組んでいるNPO法人「ウォーターズ・リバイタルプロジェクト」（東京事務所、野根川東洋町支所）が地域企業や住民との連携を基本としながら推進していきます。

川に生息する大西洋サケ

そもそもどうしてサン・ジャン・ピエ・ド・ポーを選んだかというと、パトリックさんが真剣に探してくれて、ピレネー山脈北斜面を源流とするニーヴ川がよかろうということになって、ピエ・ド・ポー市長に面会に行ったからです。

それだけではありません。私はその昔の広告会社勤務時代に、長く家電メーカーの担当営業マンでした。2010年ころの話です。当時、大手電機メーカーがLED電球を発売し、世の中が省エネ路線にまっしぐらに進んでいく中で、品質を競うようにLEDの納入事例戦争が勃発しました。各メー

この地方では、川流域の土地所有者が自分の土地を流れる川を自ら管理できるようです。昔から土地の所有者が魚道をつくっており、ブラウントラウトなどの遡上降海ができるように工夫されている。
そしてボランティアの民間組織（APRN）が常時見回り、不必要な堰堤はダイナマイトで所有者に破壊してもらったりして、「生きている川」の維持を目指しているようです。女性が持っているのは、破壊する前のえん堤写真です。

ボランティアの民間組織（APRN）のメンバー（中央2名）とパトリック氏、左端は筆者。とても川を大切にしています。

ニーヴ・ド・ベエロビ川の上流部の河畔林と渓相

カーが、納入事例のシンボルとなるような物件をこぞって物色していました。ＬＥＤにチェンジして、ライトアップして省エネと美観を競う、そんな時代でした。

その頃、Ｙ家電メーカーはスカイツリーのイルミネーション競合に勝利しましたが、私の担当していたＺ社は、残念ながら敗退。担当のＫ氏は呆然として、広告営業である私に、もっともっと目立つオブジェを探してほしいと要請してきました。粋に感じた私は各方面を奔走して、某ＴＶ局から紹介していただき、ルーブル美術館のピラミッドから始めたらとのアドバイスをもらってパリに直行しました。極東担当の広報官のＳ女子よりご支援いただき、ルーブル美術館長（国務大臣）とＺ社社長の契約式典も実現し、晴れてルーブル美術館全館のＬＥＤ照明をＺ社製にするプロジェクトが誕生しました。

セーヌ川の見える丘の上のレストランで乾杯したシャンパンは、忘れられない想い出です。

それと同時に、すっかりフランス好きになっていた私はフランスの川にも興味を感じていました。日本と違ってなだらかな大河が多いですが、大西洋サケなどのサケ科の魚類が多く生息していることも突き止めていました。

ＬＥＤプロジェクトで大活躍してくれた同僚の岩田女史から、パリ在住の大阪弁が喋れるフランス人のパトリックさんに声をかけてもらい、ピエ・ド・ポー市と東洋町は、２０１９年にニーヴ・ド・ベエロビ川と野根川《のねがわ》の川を通じた提携をスタートさせたのです。

文明 メソポタミアのシャットゥルアラブ川

世界最古の文明であるメソポタミア文明と、ティグリス川（全長約1900㎞）・ユーフラテス川（全長2800㎞＝西アジア最長）の2本の川の関わりに興味があり、少し調べてみました。
もちろん、この文明も水を中心に農耕や生活の営みが始まっていくわけですが、当時のメソポタミア地帯の人々の灌漑用水の敷設が南部の人々の生活を支え、繁栄していき、そこから上流の北部に向かって文明が広がっていったようです
世界平和を願って中東の川について書きます。
ティグリス川とユーフラテス川、この2

ティグリス・ユーフラテス両河地域
●は古代重要地名

本の川は合流した後、河口までの約200㎞区間はシャットゥルアラブ川と呼ばれ、イラン・イラクの国境になっており、ペルシャ湾に注ぎます。

両河川とも源流はトルコ東部の山岳地帯ですが、西アジア、現在のイラクを北西から南東に並んで流れる大河で、ティグリス川がイラン側（北東側）、ユーフラテス川がサウジ側（南西側）を流れ、中流部の現在のバグダード付近で間が狭まり、下流域は再び間が広くなって、ペルシャ湾に注ぎます。人類最古の文明とされるメソポタミア文明を生み出した川であることはご存じの通りですが、メソポタミアとは「川の間の地域」を意味します。

オリエントの国家が、たくさんの興亡をくり返しました。


世界最古の古代メソポタミア文明の文明初期の中心となったのは、民族系統が不明のシュメール人だそうですが、なぜこの地に世界最古の文明が誕生したのでしょうか。

その理由は2本の川による肥沃な土地の魅力にあったようです。南部の平野部から、麦類やナツメヤシの栽培、牛や羊、山羊、豚などを飼育しながら村落を形成していき、農業や経済活動の重要な拠点となり北進していったようです。

そしてこの両河川流域のメソポタミア地帯では、今に至るまで争いが絶えませんでした。時代は下りますが、1980年には、イランとイラクの国境になっているシャットゥルアラブ川の使用権をめぐる衝突が起こりました。これが引き金となって両国は全面戦争に突入、8年間に及ぶイラン・イラク戦争が始まりました。

ティグリス・ユーフラテス川流域の魚類ではコイ科の仲間が一般的であり、マンガーまたはパイクバーベルと呼ばれる大型種は、イラン、イラク、シリア、トルコのティグリス・ユーフラテス川水系に自生しています。

イギリスではティグリス・サーモンのニックネームで呼ばれています。

食用魚として珍重されていますが、乱獲や生息適地の減少による絶滅の危機に瀕しています。古代から身近な存在で、紀元前1500年から1000年にかけて、マンガーの皮を身にまとった古代の神官や神々が描かれたイラストが残っているそうです。

メソポタミアハナスッポンはスッポン科の絶滅危惧種であり、ティグリス・ユーフラテス水系にしか生息していないそうです。


アフワールはイラク南部からイラン南西部にかけて広がる湿地帯です。

古代メソポタミアのシュメール文明が栄えた地であったことから、イラク南部の同地域では複数の考古遺跡が見つかっているそうです。2016年には、「生物多様性の保護地」であり「メソポタミア都市群の残存する景観」として、ユネスコの世界複合遺産に指定されました。

アドベと呼ばれる、粘土とわらの天然建材で造られたウルク、ウル、ラガシュの3つの古代都市遺跡がありますが、これらはシュメール人の痕跡だと考えられています。4つの湿地帯は世界的にも規模が大きく、「イラク湖沼地帯」とも呼ばれています。アフワールのように、乾燥していてかつ高温である地域に形成された湿地帯は世界でも他に例がなく、そういった意味でも極めて貴重なものとなっているそうです。

４つの湿地帯とは高温乾燥気候のティグリス川とユーフラテス川下流域一帯の内陸デルタに位置する中央湿原、東ハンマール湿原、西ハンマール湿原、イラン国境にあるハウィーゼ湿原です。湿地はカモやシギ類・チドリ類などの多くの渡り鳥の休憩地、採餌場または越冬地であり、ペルシャ湾からの回遊魚やエビも見られます。

ヨシが多く生える湿地にはたいへん多くの鳥類、爬虫類および哺乳類が生息しています。また水域では現在、「ジルティラピア」というスズキ目カワスズメ科の外来種が繁殖しているようで、淡水域から汽水域のかなり高濃度の海水中でも生息できるようです。たぶん、河口部一帯の現状課題に適した生活史を持っているのでしょう。

マンガー（パイクバーベル）
〔出典〕WIKIPEDIA「Mangar (fish)」
https://en.wikipedia.org/wiki/Mangar_(fish)

ジルティラピア
〔出典〕日本淡水魚類愛護会「ジルティラピア」
https://tansuigyo.net/a/gao/x/360.html

日本と、メソポタミア流域では、気候、降水量、川の規模など環境がまったく違いますが、湿地の大切さについては同じことがいえます。

シャットゥルアラブ川は、大量の土砂を運び、沖積地や湿地などを形成し、独自の生物多様性の豊かな生態系を育む環境をつくります。そして、海の浄化機能のメカニズムも同様だと感じます。

ティグリス川・ユーフラテス川の両大河はたびたび大洪水を起こし、その下流に広大な沖積平野を形成しました。それが肥沃なメソポタミア平原です。とくに晩秋に起きる洪水はシュメール時代の農耕にはなくてはならないものだったようです。

この流域は世界最大のナツメヤシの林もあり、１９７０年代半ばには、世界のナツメヤシ20%がこの地域に生えていたが、戦争・塩害・病害で枯死し、昔日の面影はありません。

メソポタミア平原は、植生としては気候が乾燥しているため森林が存在せず、また地質的には沖積平野であるために岩石のほぼ存在しない泥の平原となっていて、金属資源は存在しません。２０１０年代には、上流のトルコ、イラン国内でダムの建設と新たな水利用が始まって、最下流のシャットゥルアラブ川の流量が激減し、海水（塩水くさび）の遡上などによって水利用が難しくなりつつあるという問題を抱えています。

それに加え、イラン側（東側）からシャットゥルアラブ川に合流するカールーン川は大量の黄土を含んで流れ込むため、水上航路を維持するためには浚渫《しゅんせつ》が必要でした。浚渫《しゅんせつ》によって川底が深くなり、塩水くさびによる塩害がさらに拡大されました。下流域は乾燥が進み、水量激減と塩害が発生し、農地では深刻な問題となっています。
「塩水くさび」とは、河口付近の川底が海面より低くなり、河川に海水が浸入する現象です。海水の方が淡水よりも比重が大きいため、表層には淡水、川底付近には海水の層が構成されます。海水が淡水と川底の間に入るくさびのように見えることからそう呼ばれています。海水面の変動や塩分濃度などによりくさびの大きさや形状は異なりますが、大河では100km以上の上流にまで遡る規模となる例もあるようです。
ひとつバランスが崩れると、自然は取り返しのつかない深刻な問題を提起します。このように人間がいじったところは、人間が直さなければなりません。

チグリス川とユーフラテス川「2040年までに干上がる」
イラクで渇水深刻、上流部トルコでダム多数建設
（出典：東京新聞2022年11月30日）

水源が乏しい中東地域では、多国間を流れる国際河川の水を巡って、上流と下流の国で対立が起きています。上流国がダムを造ったことで下流国へ流れる水の量が減少し、すでにイラク南部では湿地が干上がるなどの実害が出ています。中東では国の存亡を左右する生命線ですから、地域紛争にもな

りかねない大問題です。

このエリアは数年前から渇水の影響が出始めましたが、本来は緑と水が豊かな地域です。気候変動による降雨量の減少に加えて影響を与えているのが、上流国トルコに建設された水力発電用のダムです。トルコ政府は両河川の上流地域に、ダム22基と17の発電所を建設する「南東アナトリア計画」を推進しています。ダムは順次完成し、2019年にはティグリス川上流にできた同国最大のイリスダムが貯水を開始しました。巨大な発電用ダムです。

イラク国内を流れる両河川の水位は目に見えて減少し、イラク高官はトルコ側に、「ダムから放出される水量の再検討」を要請しました。現状のまま対策をとらなければ、両河川は世界最古の文明とともに2040年までに干上がります。


中東と聞いて多くの人が思い浮かべるのは、砂漠やラクダ、石油などでしょう。実は中東の土地は、そうしたイメージよりもかなり多様なようです。

そのひとつの例が、イラク南部の湿地帯アフワールです。イラク南部には、かつて西ユーラシア最大と呼ばれた湿原地帯が存在しました。そこには砂漠の遊牧民ではなく、「葦におおわれた湿原に暮らす湿原のアラブ人」たちがいます。アラブ人たちは小さな木のボートで湿地帯を縫うように移動し、湿原の水辺からはラクダの代わりに水牛たちが顔をのぞかせています。

この不思議なイラクの湿原は、ティグリス川とユーフラテス川が合流してシャットゥルアラブ川となる地点から、イラク南部の主要都市バスラにかけて広がっています。アフワールは、下流域一帯の

湿地を散歩する水牛

〔出典〕ウィキペディア「シャットゥルアラブ川」
https://ja.wikipedia.org/wiki/ シャットゥルアラブ川

湿原に浮かぶ葦モスク

葦でおおわれたイラク南部の湿地帯

〔出典〕世界のモスクドットコム「モスク旅紀行」https://sekainomosque.com/archives/7450l

内陸デルタに位置する中央湿原、東ハンマール湿原、西ハンマール湿原、イラン国境にあるハウィーゼ湿原の4つの湿地帯をさしています。
この地でメソポタミア文明が生まれ、湿原地帯の周辺ではウルク、ウル、ラガシュといった古代都市国家が存在しました。湿原に広がる光景は、最近になって始まったものではありません。メソポタミア文明が生まれて以来、約5千年も続いている光景なのです。いわばメソポタミアの原風景ですが、このメソポタミアの風景も過去50年の間に大きく様変わりしてしまいました。

〔参考文献〕
世界のモスクドットコム
https://sekainomosque.com/

第3章　人と地域と川

第1節　森林と河川

日本の森林は今、どうなっているのでしょうか。

縄文時代から弥生時代、日本に水稲農耕の生産技術が伝わると、稲作のための水田づくり、つまり森林の伐採が始まったといわれています。それ以来、奈良・平安時代では寺社の建立による木材の大量消費と、いつの時代も多くの戦争や火事が後を絶たず、そこら中の山ははげ山状態だったようです。

明治時代から第二次大戦までは森林の伐採が続きましたが、その対策として昭和20年代に日本全国に莫大な植林が実行されました。以来70年が経過しましたが、日本の森林量は、質の低下はあるものの、過去半世紀の間に従前の約3倍に増加しているそうです。

ヨハニス・デ・レーケの治水事業

藩政時代、日本各地の河川の氾濫は激しく、治水は困難を極めたそうです。加えて飢餓や貧困などの切実な社会課題に悩まされていましたが、明治初期になると、政府が招聘したオランダ人土木技術者ヨハニス・デ・レーケ氏（1842〜1913）による治水事業が始まりました。氾濫をくり返す河川を治めるため、放水路や分流の工事を行うだけでなく、根本的な予防策として水源山地における砂防や治山の工事を体系づけ、全国の港湾の建築計画を立てました。特に木曽川の下流三川分流計画には10年にわたり心血を注ぎ成功させました。

「淀川の改修」「木曽川の分流」「大阪港、三国港、三池港等の築港計画」など、枚挙にいとまがない多くの業績を残した偉大な人物です。河川改修や砂防工事の基礎を築いたことから、「治水の恩人」あるいは「近代砂防の祖」と称されています。

デ・レーケ氏は、粗朶《そだ》沈床の手法を日本に伝えました。粗朶《そだ》とは、直径数cm程度の細い木の枝を集めて束状にした資材のことです。適度に細くしなやかなヤナギなどが用いられることが多いようです。

大規模なものから非常に繊細な工法まで、素晴らしい功績のあるデ・レーケさんですが、現在の日

オランダ人土木技術者
ヨハニス・デ・レーケ氏
（1842-1913）
〔出典〕日本の川と災害
「治水・利水・災害対策に尽くした人」
http://www.kasen.net/hito/deRijke/

施工１年目の再度山《ふたたびさん》（明治37年）

施工115年目の再度山《ふたたびさん》（平成30年）
〔出典〕一般社団法人兵庫県治山林道協会
「六甲山災害史」（1998 神戸市提供）
https://rokkosan-saigaiten.jp/disasters/

本の治水・利水はそのスピリットをどこまで受け継いできているのでしょうか。

100年以上の歳月を経て、地球温暖化など多くの世界的な環境課題が深刻になるなか、生命地域主義や生物多様性に関する知見は、デ・レーケさんの時代より格段に進歩しています。したがって、治水と利水と環境をより高いレベルで融合させることは十分できると考えています。一人ですべてのことができるわけはないので、皆が真剣に環境と向き合うこと、地域循環社会をその地域ごとに考えることの必要性を感じます。


冒頭で「川は日本の国土の血管です」と述べましたが、ヨハニス・デ・レーケ氏は、まさに日本の大動脈である多くの主要河川に様々な方法で施術した名医であるといえます。

私は川と流域の人々の生活や歴史、川の社会的な共有をテーマとして考えているので、どちらかというと規模の小さい川に視点を置いています。しかし人体の血管についての文献から、「人体における血管の役割」「川は日本の国土の血管」という考えには驚くほど共通点があり、「人生百年時代の健康寿命」「生命地域主義の復活」という両方の課題を自分ごととして考えられたらすばらしいと思っています。

毛細血管の川を元気にする

人間にとって健康に欠かせないのは、毛細血管が元気で血流がいいことだそうです。そうであれば、体の各細胞に必要な酸素と栄養を届けられます。内臓をはじめ、皮膚や粘膜、さらに指先などの末端にまで酸素と栄養をくまなく届け、同時に不要な二酸化炭素や老廃物を回収することができます。
全身の血管の99％は毛細血管です。血管には動脈・静脈・毛細血管の3種類がありますが、なんと毛細血管は人体で最大の臓器だそうです。大量の血液を運ぶ動脈と静脈が「河川の主流」の働きをする一方、毛細血管は動脈と静脈をつなぐ形で全身に張り巡らされ、各細胞に必要な生活物資を運ぶ「生活用水路」のような存在です。

毛細血管が生命活動を支える5つの働きは次の通りです。

①酸素と栄養を各細胞に届ける
②二酸化炭素や老廃物の回収
③ウィルスや病原菌などの外敵を撃退する
④ホルモンによる情報伝達
⑤血流を調整し、体温調節する

一方、川にとって大切なのは、主流（本流）と用水路が元気で血流（水流）がいいことです。

上流域は水がきれいで流れが速く、浅いところや深いところが連続し、大きな岩や小石がみられます。中流域では川幅が広がり、流れが緩やかになり、川の流れが岩にぶつかって深くなっているところがあります。また砂と小石でできた河原に、ツルヨシなどの植物が生えます。

下流域はさらに流れが緩やかになり、川底には砂や泥がたくさん積もり、川岸にはヨシなどが生えます。またワンドと呼ばれる流れのないところがあります。河口域は川の淡水と海水が混じるところで、潮の満ち引きによる流れがみられます。川底には泥や粘土がつもり干潟ができています。

川が健康であれば、この源流から河口までの流れの過程で、人体における毛細血管と同じような働きを国土に対してもたらします。

川は日本の国土を形づくる流域の沖積地や扇状地、森林、ワンド、湿地などを形成し、生物多様性の豊かな生態系を育む環境をつくります。それは人体において血流が大切なのと同様で、情報伝達や適性温度管理まで循環型のサイクルを形成します。

海には老廃物を流し浄化してもらうわけですが、どのような老廃物の浄化機能があるのでしょうか。

川の自浄作用と海の浄化機能

川や海の水ではプランクトンやバクテリア、海藻、貝類といった自然界に生息する生き物たちが汚れを一生懸命に分解してくれて、水をきれいに保つ基本機能が備わっていますが、それを「自浄作用」といいます。

有機物を多量に含む水が川に放流されていると、川は汚染されて水質は悪くなります。しかしその水がある距離を流れていくうちに、大気中の酸素が溶け込み、かつ攪拌されて、その水質は再び良化され、よみがえってきて、自然浄化されているように見えます。

しかし「自浄作用」には、水中の有機物が分解され無機化されることによる「真の自浄作用」と、水中の有機物が吸着・沈降することによる「みかけの自浄作用」があります。その判断は、人間が観察し守ってあげなければならない川の体調だと思います。放っておくと重い病を発症します。


では、海の浄化機能はどうでしょうか。

「干潟などの浅い海（水深5m以内）の水質浄化機能は非常に高い」といわれますが、その浅海域ではなぜ浄化機能が高いのでしょうか。

浅海域には、上げ潮に乗って周辺の海から海水が流入しますが、この海水には植物プランクトンをはじめとする懸濁物、水中に浮遊し水に溶けない固体粒子が豊富に含まれています。また河川を通じて、陸からの懸濁物も供給されます。

こうして浅海域に供給された懸濁物は、そこに棲む二枚貝によって海水といっしょに体内に吸い込まれ、消化管から体内に栄養として吸収されます。その活動を通じて、貝の「出水管」から澄んだ水が海中に放出されます。これが浅海域の持つ浄化機能のひとつです。

二枚貝の海水ろ過作用は非常に大きく，数日で浅海域の海水のほとんどすべての懸濁物が二枚貝によって除去されることもあるそうです。

多量の二枚貝が生息するエリアでは、このろ過作用によって植物プランクトンが速やかに除去されるため、植物プランクトンの量は低く保たれ、赤潮の発生が抑えられているといいます。

したがって、河口付近の干潟を保全することは、生物多様性の観点からも大切なファクターであると考えています。

第2節　もとに戻る力　自然の力

そもそも川はなぜ、左右にくねくね蛇行するのでしょうか？

川の流れには、速いところと遅いところがあり流れの方向も多様ですから、水のあたる部分では川岸が削られてしまいます。川は蛇行したがっているのです。人の手が入らない川は、川の思うがまま、とにかく蛇行します。まっすぐにしても、また蛇行してしまいます。曲がっているところは外側がどんどん掘れていってますます曲がりが進展していきます。そういうところを中途半端に押さえてやろうとするとどうなるでしょうか？直線化しようとした川の法面（側面）に大きな力がかかり、やがて、次に洪水が来るとまた削れ、といった具合に土砂崩れや氾濫などの水害が起こるのです。直線的に穏やかに流れているように見える川も水面下では巨大なエネルギーを放出しているかもしれません。

河口は変わり、元に戻る

これは、カワイイ川で紹介した高知県を流れる素晴らしく水のきれいな野根川《のねがわ》の河口まであと数百mの地点で実際に見た光景です。河口に向けて左岸側の護岸沿いを流れていますが、やがて右にカーブしたのち、うねうねしてから太平洋に合流します。

この写真は２０１７年に巨大な低気圧が接近した時に、河口地点が大きく移動したその時の記録です。

真ん中の写真は、低気圧通過後にほぼ同じ地点から撮影したものです。川の中央部から４月18日午前９時に撮影しましたが、低気圧による豪雨と増水が重なり、まっすぐ突き抜けるように海に注いでいます。

一番下の写真では、４月20日午後２時時点にはご覧のようにほぼ元に戻りました。

私は、これで野根《のね》川《がわ》の河口は変更されて直進するのかなと思いましたが、あっという間に元に戻り

平常時の野根川河口

低気圧通過後はまっすぐ直進しています

ほぼ元に戻りに復元しています

ました。どうも流域や河床の地形などが大きく影響しているようで、巨大な力で復元されたようです。地球規模の大陸のプレート活動や造山活動に比べると小規模な現象かもしれませんが、これは非常に大切な日本の国土の毛細血管である「川」の健康を取り戻すことにほかなりません。

川が氾濫したり攪乱することで、横方向の連結により詰まっていた老廃物が流されてスムーズな流れになり、川の自浄作用による健康回復になったといえるかもしれません。自然災害は次なる創生に向けた準備とも考えられます。

まっすぐに水が流れることの迫力、そして元に戻る力、コンクリートで固めちゃうと自然の流れは短期的に封じ込められますが、人工的に造ったものはいつかは壊れます。

よく考えた地域計画を立案しないと、人工物の損壊による人的災害につながることもあるので、いろいろな知見の結集が大切だと思います。

河口閉鎖をめぐる自然の力

次は、河口閉塞という現象についてです。

これは、徳島県海陽町を流れる海部川《かいふがわ》という素晴らしい水質と景観のダムのない全長36㎞の二級河川です。アユの全国コンテストでも何度か入賞している有名な川です。冬になるとこの川の河口は自然にふさがります。

河口閉塞を引き起こす要因ですが、海からの波による土砂の押し込みと、川からの運搬土砂の堆積という両面があり、しかもそれらは同時に作用するため、河口の変化はとても複雑で、学者にもよくわからないそうです。

河川水位の上昇による災害につながることもありますので、監視が必要です。またそれをユンボで掘って開通させるわけで、多額の費用もかかりますし、土砂の処分などの社会課題も発生します。

しかし私はこの現象を初めて見たときに、うらやましく思いました。流域の方々に怒られるかもしれませんが、人々の生活と、この地域一帯を支える海部川《かいふがわ》が一体化していると感じました。何かに課題を感じつつも、一体化して進めていく気持ちを持つことの意義を感じます。

海部川の中流域

完全に閉塞した河口

河口の合流部

ユンボで掘削して開通

そして春になるとアユやサツキマスが遡上します。

原野を流れる人里離れた川を除くと、おそらくすべての川と人間は関わりを持っています。人間が手を加えた流れは人間にしか直せません。治水や利水の歴史は、本来の自然の地形を変えてしまうことがあるし、大きな自然の力は元に戻ろうとする巨大なエネルギーを人間に見せつけます。

堰堤の魚道で群れるアユの稚魚

サツキマス

第3節　タテ・ヨコ・垂直方向の連結

日本には素晴らしい景観の川は数多くありますが、生物多様性の豊かな川は多くはありません。川を基点に、自然の奥深さを見つめるのもおもしろいものです。

流れの速い直線化した川には、魚は住みにくいものです。人間や、もちろん他の動物も同じで、楽して餌を食べて生活したいのです。活性が高い時はよいですが、そうでない時に流れの早い瀬や淵に出て、餌を探すのは面倒です。

蛇行した流れの緩やかな淵など、水棲生物の種類によってまちまちですが、湿地・日蔭・低水温などの好みの場所にいます。

私が理想と考える川は、「タテ・ヨコ・垂直方向」の3つのつながりがある川です。

3つのつながりがあれば川は健康で、生命地域主義が成立するのです。そこには経済もついてくるし、SDGsのいくつかのテーマもクリアできるかもしれません。

また川は日本国の血管です。109本の大動脈である一級河川本流（支流を含めると1万4000）、二級河川や準用河川は支流をふくめると2万1000本も毛細血管のように張り巡らされ、流れていますが、国土の健康の秘訣はそれらの川たちがストレスなく流れ、循環することだと思います。

実現が難しいこともありますが、せめて「タテ・ヨコ・垂直方向」の連結でよい川によみがえることを知ってもらいたい。それも源流から河口までの全体最適が望ましいけど、現実的には不可能な箇所も多いので、せめて部分最適だけでも検討して、実現してほしい。

生物多様性の豊かな河川の生態系は、大きく3方向の空間的な連続性によって特徴づけることができます。

ひとつめは、川が源流から河口まで、横断構造物により遮られることなくつながっていること、つまり「タテ方向の連結」です。

有機物などが水流と共に運ばれることを意味しますが、それだけでなく、水棲生物の移動経路として重要ですし、海と川を行き来する通し回遊魚などの生活史の完結など、多様な生き物にとって重要な生態学的な役割を担っています。

2つめは、川に氾濫できるスペースがあるかどうか、ということです。

洪水によって川が氾濫したり攪乱されたりすることは、生物たちにとって好ましいことが多いのです。洪水によって「ヨコ方向の連結」ができると、水があふれることによって生物が移動したり水域間の物質交換ができたりします。

なかには、一時的にできた湿地などの氾濫原で産卵する魚類や昆虫類もいるようです。生物の生態系にとって、川が氾濫し氾濫原ができることは極めて重要なことです。

いずれにしてもタテヨコの物質交換は非常に大切です。

3つめは、「垂直的な連結」です。河床間隙《かんげき》とよばれる表流水の下にある河床付近の水域がポイントになります。

間隙《かんげき》とは粒状の堆積物（小石・砂など）の粒同士の間で生じる隙間のことで、この間隙《かんげき》がちゃんとあると、間隙《かんげき》中に含まれる河川水に流れが生じます。表流水の流れによって、河床間隙《かんげき》水域と表流水の間で頻繁に河川水の出し入れが起きています。そのため、河床間隙《かんげき》水域中の微生物をはじめとする有機物や栄養塩類、溶存物資の行き来が盛んであり、こうした循環によって水質浄化にもつながるといいます。

通水がよく、水がきれいで溶存酸素濃度の豊富な河床間隙《かんげき》は、河床間隙《かんげき》水域をとり巻く生態系にとって極めて重要な役割を担い、無脊椎動物の産卵場として、河床に産卵するサケマスやアユなどの魚類についても同様に重要性があります
しかしながら近年の都市開発によって、河床間隙《かんげき》水域は破壊されつつあります。堤防や河川脇の開拓などの河川開発による減少や、流出する微細粒子（シルトなど）による間隙の目詰りなど、悪影響は大きいです。このようなものは河床間隙《かんげき》水域の環境を悪化し、河床間隙《かんげき》生物は住めなくなってしまい、その生態系は崩れてしまうというわけです。今後は河床間隙《かんげき》水域の保全を考えていくことも、取り巻

く生態系を考えていく上で必要といえます。

もちろん少しずつでかまわないので、「タテ・ヨコ・垂直方向の連結」、これができると素晴らしい。

日本の国土面積は約38万㎢と広くないですが、米国・中国に続いて世界第3位の横断構造物を有しています。もちろん河川の連結性の低下を引き起こす主要因であり、日本の河川が世界的にみてもいかに分断化された河川が多いかということを示しています。ましてや狭い国土で、氾濫源を含む河川空間は潤沢に与えられておらず、堤外地は極めて狭い。とどめは、都市化や未整備な森林資源などの要因で流出する、微細粒子による河床間隙の損失です。

なんとかしないといけません。

第4節　野根川《のねがわ》で行っていること

そもそも何でこんなことを始めたか。

簡単に言うと、野根川《のねがわ》が好きになってしまったからです。その感覚は私にとって恋心に近いものがあり、手を差し伸べないわけにはいかなかったのです。この感覚は子供の頃に川遊びを楽しんだ思い出の川に次いで2度目で、まさか50歳を過ぎてこの心持ちと川の匂いを感じることなどあるわけない、と思っていました。とにかく助けてあげたい。

深い呼吸をしている

比較的緩やかに流れて太平洋に注ぐ野根川《のねがわ》は、水のきれいさが半端ないです。砂礫層の地質が地中の深くまで続いていて、ろ過されて湧いているからなのでしょうか。ちなみに雨が続き川の保水力が飽和状態になると、川にほど近いところに池ができます。それも碧くミステリアスな色を湛えています。

後年、川の改修に向けた予備調査の時に専門家による河川生物調査を実施しましたが、ある地点の水温は夏と冬の水温がほぼ同じ約17℃でした。そこには、真夏なのにアマゴがいました。わずか河口から1・5㎞の地点、それも高知の川です。冬にはテナガニビや越年のアユ、モクズガニ、アユカケ、なんと金色のウナギまでいました。１年を通じて水温変化の少ない地下水が湧いているということは、この川は深い呼吸をしているなと感じました。

テンジクザメが産卵

そのきれいな水のまま海に注ぐわけですから、海はどうでしょうか。貧栄養の河川水が流れ込むわけだから、当然、海も貧栄養になるかと思いましたが、そもそも黒潮は貧栄養と言われています。しかし多くの魚類が黒潮の近辺に集まって産卵し、稚魚は黒潮に流されながら成長するといわれているし、この四国太平洋岸に注ぐ水のきれいな川たちの水質と、黒潮の貧栄養は何か関連があるのでしょうか。

黒潮の栄養塩がプランクトンを育み、アユの稚魚たちも含めた多くの魚たちの餌になっているのか、などと妄想ばかりしていました。

この付近の海にはシロボシテンジクザメというサメが産卵に来ます。テンジクザメ目に属するサメの一種で、オーストラリア東岸に分布する希少種で、沿岸の浅い岩礁域に生息しているとされていますが、なんと東洋町甲浦にほど近い海域で、求愛活動・繁殖活動が確認されました。それはこの地域の海が世界的に貴重で豊かな海であることの証です。

テンジクザメは全長約１ｍで、その生態はまだ謎が多く、自然の海で繁殖行動を観察するのは難しいとされていました。求愛行動中にオスがメスにかみつき、メスの体をつかまえて交尾しやすくするのだそうです。

しかし、この素晴らしい野根川《のねがわ》周辺の自然環境も微妙に変化していますし、近海においても、この20年で海藻や魚の種類に明らかな異変が生じているようです。

残念ながら、天然アユも減少の一途をたどっています。現時点では辛うじて、「川と森と海」のバランスが保たれていることによる自然の恵みだと思います。

野根川の生物調査

テンジクザメ

魚道の改修工事

この野根川《のねがわ》にはいくつかの課題はありますが、保全する努力で、より素晴らしい「世界に誇れる川」になるだけの資質があります。次の世代の若者たちに、貴重な野根川《のねがわ》を保全し、受け継いでいきたいと思うようになりました。

できれば、魚道がないところには魚道を、砂がたまっている横断構造物には可能な限りスリットを、過疎化して地域住民への影響が出にくい地域では横断構造物の全面撤去できることを基本としつつ、私が実体験した野根川《のねがわ》の魚道の改修工事についてお伝えします。

高知県東洋町の地方創生委託事業として、私たちは野根川《のねがわ》にある4基の頭首工のうち、3基の改修工事をプロデュースする機会をいただきました。

高知県室戸市土木事務所、東洋町役場産業建設課などの河川行政を担当する方々への書類提出やら設計図面などを制作して、4年越しで6箇所の改修工事を実現しました。

川のタテ方向の連続性を回復するだけでは生態系の回復として不十分といわれていますが、驚くほどの効果があったようです。

多くのアユなどの水棲生物が遡上する様子には感動します。モクズガニや坊主ハゼなど日本の在来種のカワイイ魚たちがえん堤の上流に移動していることが確認できました。厳しい自然の慣わしです

補修した鴨田中央魚道を上るアユの群れ

長峰頭首工右岸への植石

鴨田中央魚道の隔壁補修

長峰頭首工右岸への植石全景

大斗頭首工の堰堤の掘削

が、アユの遡上が回復するとカワウなどが魚道にピッタリ張り付いて獲物を狙います。

これらの頭首工への魚道新設・改修は、えん堤および取水に対する悪影響なしに、違法状態を解消できることがわかりました。

ここで、改修工事に関わる水産資源保護法の「溯河魚類の通路」に関わる部分をご紹介します。

（溯河魚類の通路の保護）
第二十五条　溯河魚類の通路となっている水面に設置した工作物の所有者又は占有者は、溯河魚類の溯上を妨げないように、その工作物を管理しなければならない。
2　農林水産大臣又は都道府県知事は、前項の工作物の所有者又は占有者が同項の規定による管理を怠つていると認めるときは、その者に対し、同項の規定に従って管理すべきことを命ずることができる。
3　都道府県知事は、前項の規定による命令をしたときは、遅滞なく、その旨を農林水産大臣に報告しなければならない。
第二十六条　農林水産大臣は、溯河魚類の通路を害するおそれがあると認めるときは、水面の一定区域内における工作物の設置を制限し、又は禁止することができる。
第二十七条　農林水産大臣は、工作物が溯河魚類の通路を害すると認めるときは、その所有者又は占有者に対し、除害工事を命ずることができる。

改修工事での調査結果　魚類相の多様化の兆し

それでは、野根川の改修工事に関わる調査の結果をご紹介します。平成28年から平成30年までの魚類調査結果を振り返り、頭首工を改修した効果について総合的に考察を行う目的で書かれた報告書の抜粋要約です。

□水質について。
平成28年の水質調査結果から河川水は中性に近い値を示しています。たいへん溶存酸素の豊富な状況で、魚類の生息にとって十分な量の酸素が溶解しており汚染物質の少ない非常に清澄な河川水であることが確認されています。
そして海水の混合のない河川水という特徴もあります。

□魚道利用について。定置網および潜水調査結果です。
鴨田頭首工は主に左岸側および中央の魚道部分を改修（魚道内の環境の多様化を図る改修）し、魚類による魚道利用の促進を図った。

長峰頭首工

右岸魚道部分の植石と配置替えにより、魚類の遡上可能な頭首工へ改修を行った。その結果、魚道にはハゼ科魚類の多くの個体が観察され、魚道としての機能が十分に発揮されているものと判断された。中央部の階段式魚道には潜水調査によりアユの若魚が多数集まっている様子が確認され、こちらの機能も問題ないと判断された。下流部にはアユ、ヌマチチブ、カワムツ、ルリヨシノボリ、ボウズハゼなどが確認された。

余家頭首工
上部の平坦な砂礫堆積部にアユの群れが観察されたのみで種の多様性は低い状態であり、頭首工直下には遡上を試みるアユの個体が多数観察された。
その後、堰板を設置することで遡上可能な階段式の魚道への水量が多くなるように変更され、アマゴなどの中・大型の遡上は可能になったものと推測された。

大斗第一頭首工
平成29年まではその上部に砂礫が堆積して200mほどの平坦部となり、水深、流呈、流速などの変化は少なく、環境の多様度は極めて低かった。しかし、頭首工の改修で中央部魚道の左右の堰堤を掘削したことにより、頭首工周辺の河川環境には多様度が増し、従来アマゴなどの定位を観察できなかったが、平成30年は前述のようにアマゴが定位できるような環境が出現し、頭首工周辺における魚類による利用度は高まったと判断できる。

平成29年12月に観察された頭首工下部の全長20㎜ほどのカワムツは平成30年には40㎜程に成長しており、河川内中~下層にはアユ、カワムツ、川底にはヌマチチブ、ルリヨシノボリが認められ、魚類相の多様となる傾向が見られた。

以上のことから、各頭首工の改修は野根川の魚類相を多様化させる一定の効果があったものと判断できる。

生物の多様化、自然循環する地域へ

この改修工事を行っている時期とその直後の調査により、一定の効果は確認できました。しかしながら、年々のアユやアマゴの遡上数だけで、その効果を判定してはいけません。目的は「本来の自然の川を復活させること」、「魚類相を多様化させる」ことですから、他の水棲生物、さらに河口の様相など、長い時間をかけて自然の川を取り戻していく取り組みが必要だと思っています。

アユが減少した原因についてはっきりしたことはわかりませんが、河川内での問題点として、農業用取水堰による移動阻害や渇水時の瀬切れ現象、産卵期の過剰な漁獲圧等が指摘されています。同時に温暖化により近年、海域の水温が上昇したことで、孵化後に降海した仔アユの海での生残率が低下していることも要因と考えられています。

改修工事はそのうちの一つ、移動阻害要因を低減させました。「タテ方向」の連続性の回復です。一定の効果はありましたが、これだけで効果を判断するには早すぎます。早い時期に「ヨコ・垂直方

向」の取組みのきっかけをつくりたいと考えています。

かつては、清流めぐり利きアユ会でグランプリを獲得したこともあり、美味しいアユがたくさん釣れることで、多くの釣り客で賑わう河川でしたが、近年は天然遡上量が減少し、釣り客も少なくなっています。


ここで大切なことは、産卵前のアユを釣らないことです。


以前からこの地域には「アユだし文化」がありました。焼き干しアユを使っただしには、あっさりとした味わいにまろやかなコクがあり、おせち料理やお雑煮などで古くから親しまれてきました。

実はそのアユたちは「産卵後の落ちアユ」で、寿命を全うする前に下流域で群れているのを地元の人たちが釣り上げてだしに加工していたようです。そのため漁協は、シーズン終了して禁漁中のアユ釣りを、落ちアユ釣り用に期間限定で再解禁します。しかし温暖化が進んでいる昨今、漁協が定める解禁時期にはアユがまだ産卵しておらず、産卵前の子持ちアユが釣れてしまうシャレにならない現象が起きています。

本来、アユだしは素晴らしい地域の伝統食文化であり、食から気候や環境を考慮する意識につなげるのは大切な生命地域主義かもしれません。しかし産卵前のアユが乱獲されないためには、漁協の指導力と釣師のモラルも河川改修と同じくらい大切です。

いいかえると、地域資源として自然生態系を利用するには、その維持回復のための地域プログラムを実行することを前提に循環型システムが芽生え、新しい技術産業をつくること、情報発信の基盤を持てることが、外部との交流に向けた大切な要素となるのではないでしょうか。

魚たちは我が子の命を川に託します。アユもサケマス類も同じように、卵を川底の小石の間の水が通り抜ける場所に産み落とし、卵たちは常に水が入れ替わる川底で酸素をもらいながら孵化のときを迎えます。親はこのような場所であれば、我が子が育つことを知っているのです。決して卵を産みっぱなしにするのではなく川に託しているのです。この仕組みが正しくそこにある、そんな「野根川《のねがわ》」になってほしいと思います。

初夏には中流域の橋の上から、小型のアユが浅瀬一面に泳ぐ姿が見えるようになりました。長い時間をかけて目標を実現していきたいと思います。

森や河畔林とこの川に依存するすべての生物が多様化することが、独自の素晴らしい自然循環型社会の創造、地域の繁栄につながると考えています。

終章　川は地域の人たちのコモンズ

私たちは、地球環境が限界を迎えているこれからの世の中を生きていく上で、新時代のテーマや生物多様性を模索しながら、地球規模で新しいコモンズを模索していく必要があると感じます。そのもっとも根源的な存在として川があるのだから、人間の英知と先端技術を投入して、根本的な改善ができないものでしょうか。
一度にすべての川は直せないまでも、地域の人々が地域のために立ち上がり、川をよくすることが生命地域主義です。

それにしても日本の川は、なぜこんなに壊れているのでしょうか。川はごみ捨て場、あるいは危険な場所なのでしょうか。

生命地域主義とは、「ある地域に存在する自然資源や、文化、歴史、技術などの人的資源を組み合わせ、地域の循環型社会システムをつくることによって地域独自の価値をつくり上げていく」という考えであり、その地域独自のオンリーワンの価値を皆で考え、共に活動して、地域を元気にしていくということです。その中心にあるのは、太陽エネルギーを源としてすべての生命を支える空気であり、土であり、水、つまり「川」です。あと大切なのは、住民の自分たちの土地を元気にしようという人間エネルギーです。

川がなぜ壊れたかの答えは簡単です。ほとんどの人たちが地域の川に興味を示さなかったことや環境を軽視したこと、自然が繊細であることを知らなかったこと、災害の視点では自然の力を甘く見ていたことです。

流域の法面《のりめん》が飽和状態だったり、コンクリートが剝き出しだったりすると、あっという間に氾濫したり堤防が決壊したりします。人間が壊したものは人間が直さないと直りません。

川は危ない、近づくな、多くの河川災害による悲惨な事故はいろいろありましたし、これからもあるでしょう。しかし今、治水や利水に対する考え方を抜本的に見直す時期に来ているのではないでしょうか。


2013年の資料ですが、アジア開発銀行が「水の安全保障」という水環境に関する調査結果を発表しました。それによると、日本の川の「水の安全指数」は生活用水、工業・農業用水では高い評価を得たのに対し、河川環境では危機的なレベルとの評価になっています。どうも生態系の保全が不十分なことがその要因のようです。

今、21世紀の社会において実現しなければならない地球的な課題は持続可能な生態系の問題です。数多ある環境課題に対して、地球は耐えられない状況になっています。

そこで提案なのですが、皆さんの生活の場にバイオリージョナル公園を造りませんか。

バイオ＝生物（学）、リージョナル＝その地域特有の、公園、森や川や海と人間をつなぐその地域特有の公園です。

一般的な公園という限られた場所のことではなく、地域特性を反映したゾーンのコンセプトを明確にするということです。○○国定公園や○○ジオパークのようなイメージです。観光客はバイオリージョナル公園（BR公園）のコンセプトマップを頼りにその地域に関心をもち、訪れてもらいます。（告知はインターネットを活用、刈取りはライブで行います。）

ゲストたちは、好きなように公園ゾーンを散策し、土地のおいしいものを楽しみます。もちろん、対応の受け皿としてBR公園ガイドを育成するもよし、地域産品の試食や購入ができる場所も設置できるとなおよいでしょう。


ポイントは、川の数だけ地域特有の自然があり、その楽しみ方はコンセプト次第ということです。なにも日本有数の豊かな自然がそこになくてもいいのです。三面護岸の川でも、そこで逞しく生きている生物の観察でもいいですし、何といっても人新世《じんしんせい》の時代です。人間が破壊した環境で生きている、動植物でもいいと思います。そのコンセプトを見学に来る人がきっといます。ただ、集客の意識を地元の住民が共有して対応することが大切です。

生物多様性や、生命地域主義をわかりやすく見学できる場所は、子どもたちやこれから自然科学を学びたい学生たちにとって、素晴らしい学びの場となることでしょう。

理想的な環境はもちろん素晴らしいですが、負の歴史を一掃して新しい地域を創るといった発想が、訪れる人々にとってかえって新鮮かもしれません。

繰り返しますが、コンセプトが重要です。

それには地域だけでつくるなどとは考えずに、自然科学の専門家や公害などの専門家、地方創生の有識者、地元の長老や商工会などのメンバーで議論することも大切です。しかし、船頭が多すぎると船が陸に上がってしまいます。明確なリーダーの出現が待たれます。

なにも多額の予算をかけて公園を整備しようというのではありません。その地域のありのままの状況を見学してもらうための、コンセプトをマッピングするだけです。

今後どのように創っていくかの指針を明確にしていくことが大切です。


私なりに近代日本の150年間を振り返ると、どうも日本のリーダーや富裕層たちは、帝国主義的な自己所有や独占経営などの思いが強すぎたのではないか、そう考えると合点がいくことが多いように感じます。

所有欲が強い、利益追求したいがゆえに構想と実践の分離を明確にして労働者に考える力を発揮させない、職人気質を発揮できない、分断作業を強いる環境をつくりだしました。そこで増産体制を整えるために自然を、大地を侵食してはいなかったかでしょうか。もっと普遍性をもって、自然と向き合うことはできなかったのでしょうか。持続可能な生態系に目を向けられなかったことが、地方にゆがみを生じさせていったのではなかったでしょうか。それが地域間格差、ひいては過疎化の基礎を助長したのではないでしょうか。

これからの地域のリーダーに期待したいのは、着眼大局して着手小局することに率先して取り組む人材です。小さいコミュニティやヒエラルキーの中でうまく泳ごうとする保身の意識では、地方の活性化はうまく進まないように思います。

地域のよい素材や景勝を活用して、地域の人たちが立ち上がり、ユニークな産品を開発・販売したり、地域への集客につながる活動を継続して実施したりすることは、すばらしいことだと思います。

私もこれまでその仲間に入れてほしいと思い、いろいろな地域の行政や河川関係者の皆様と触れ合ってきました。素直に受け入れてくれる方、そうではない方、いろいろな方とのコミュニケーションを通じて、地域の実情や悩みをうかがい、多くのことを学ばせていただき、広告会社卒業後の10年間をどうにか活動してきました。

そのなかで、「自分たちの土地に誇りを感じていない人が意外に多い」という率直な印象を持っています。例えばですが、私からすればこんなに豊かな土地があり、素晴らしい川や森もあるのになんで、といった感じです。

下世話な言い方ですけど、これだけの自然資源があれば、持続可能な産業資源化を考えていけるのでは、などと考えてしまいます。しかしそこには因習めいたものがあるのかもしれません。それに新たな何かを始めるには膨大な人的エネルギーが必要ですし、多くの若い次世代の担い手たちは、進学後、都会での就職を希望します。郷里の親御さんもその方向性を支持しているように感じます。そこには多くの切実な現実がありますが、しかし、本当にそれだけでいいのでしょうか。

近代日本がそうであったように、都会の企業に就職して、一握りの経営層の下でＩＴ機器を活用して構想と実践の分離された作業に従事することだけが仕事ではないと思います。もちろん、大企業の高収入や洗練された都会でのアーバンライフは魅力的ですし、起業家への道や高収入を狙った転職も選択肢のひとつですので、否定するものではありません。

ただ「カワイイ川」としてご紹介した、南フランス・バスク地方を流れるニーヴ川の支流、ニーヴ・ド・ベエロビ川での体験は、日本でのそれとは少々違いました。

多くの若者たちが日本人の我々のところに積極的に集まり、いくつかの意思疎通ができました。もちろん、「語学の壁」もあり、理解できなかったこともありましたが、通訳によると「自分たちの町がいかに素敵であるかという説明と積極的に交流しようとする姿勢」に終始していました。

そうです、彼らは自分たちの町に誇りを持っていて、「俺たちが」「私たちが」という意思を感じます。何といっても、川だって自分たちで直しちゃうくらいです。

あとヨーロッパの歴史がそうさせるのかもしれませんが、積極的に「よそ者」のノウハウを取り入れようという野心があります。誇りと野心は、今の日本人に欠けているものかもしれません。

私は若かりし頃、都会の絵の具に染まってしまい、広告会社に勤務しました。そのうち自分のセカンドライフを考えていて、好きだった「川」に関わる仕事を始め、いろいろな川を訪ねました。いわば「よそ者」ですが、広告会社で培った集客や販売のノウハウ、何よりネットワークを駆使して、大好きな川たちの「リバーブランディング」のお役に立ちたいと思っています。

あと、問題なのは集客です。

インバウンド施策、海外との提携など斬新なアイディアは、早い者勝ちです。インバウンドを含めた集客のノウハウは、別の角度からのノウハウを持った専門家の意見を聞くべきだと思います。大いに議論する土俵づくりや衆目の一致する民間リーダーの誕生に向けた教育などが大切だと感じます。

そのためには、地域のグランドデザインのための「バイオリージョナル公園」構想はおもしろいと感じています。

人体における血管の大切さと同じように、川は日本国の血管、普遍性があります。そしてそこから生まれるローカルな個別性が地域の活性化につながる今後のテーマです。

全体を考えながら、着眼大局・着手小局です。


人新世とは、人類が地球の地質や生態系に与えた影響に注目して提案されている地質時代における現代を含む区分のことです。その特徴は地球温暖化などの気候変動、大量絶滅による生物多様性の喪失、人工物質の増大、化石燃料の燃焼や核実験による堆積物の変化などがあり、人類の活動が原因とされています。

1950年代を境に、人類の活動が地球全体に影響を及ぼすようになったとして、科学者の間では新たな地質時代「人新世」を定義する動きが進められてきましたが、「人新世」区分は否決されました。人新世の提案は、もし採択されていたならば、カナダ クロフォード湖の10㎝ほどの堆積物の層に水素爆弾からのプルトニウム・化石燃料・農薬・肥料の痕跡が見いだされることを根拠に、1950年代に人新世が開始し、1万1700年前の氷河期来の完新世が終わることを意味していました。しかし人類が地球システムに及ぼしてきた影響は、農耕の開始、ヨーロッパによる海外進出、産業革命、そのほか数多くあり、科学者の間でも今回の人新世定義よりも広くすべしとする意見が多くあったようです。

しかし定義の否決とは関係なく、戦争、インフレ、気候変動などの資本主義がもたらした環境危機や経済格差の危機が進行していることは事実です。

世界各地で幾多の戦争が勃発し、大国が過剰な競争をし、そのせいでさらに分断が広がっている。崖っぷちの資本主義と民主主義、この危機を乗り越えるには、破壊されたコモン（共有財・公共財）を再生し、その管理に市民が参画し、「自治」の力を育むほかにはないのではないでしょうか。

SDGs（持続可能な開発目標）という言葉には、やや危険性を感じています。

「誰ひとり取り残さない」、持続可能で多様性と包摂性のある社会を実現するという理念は素晴らしいのですが、誰もが幸せに暮らせる社会に向けての個別の構想と実践を誰がどうやって組み立てるのかがよくわかりません。

誰が取り組むのか。その答えは、私たち一人ひとりです。取り組む主体は政府ではなく、地方自治体や民間企業や金融機関、市民団体などのあらゆる組織です。これ以上の具体性はなく、日本でのSDGsの5原則にある統合性において、「経済と環境と社会」の相乗効果を発揮することを求めています。

環境の視点からすると、生命地域主義の視点はとても大切です。

自治体や町村など行政上の区割りではなく、地理的・生態系的にみた地域の特徴から決まる古くからその土地に根差した固有の文化は、河川の流域を中心に発生する場合が多いのです。それはその地域特有の植物相や動物相をもつ地理的空間であり、自然の様相によって左右されるために柔軟性と可変性を持っています。それらが経済・社会の活性化につながることを考えなさい、ということになるでしょうか。


これからの時代、今後目指すべき新たな社会で大切なのは、人間と自然とが短期的に食い潰さない、持続可能な形での制御を実現することでしょうか。必要以上に自然を破壊しない、必要以上に乱獲しない、そのような意識の芽生えが大切だと思います。

新潟の大川では、コド漁をする猟場の年間使用権を、毎年くじ引きで決めます。コド漁を楽しむ組合員たちがあくまで平等になるように、配慮しています。コド漁に必要な捕獲のノウハウは、共有財産として漁業者レベルで共同所有できています。

等価交換を求めない「贈与」の精神を持ち続けることが、地域の活性化につながるとも考えます。自然の「持続可能性」と人間社会における「平等」には強い関連があるのでしょうか。富が偏在すれば、そこに権力と支配、従属の関係が生じ、人間や自然からの略奪が始まり、その結果、資源が枯渇するからです。


自己所有的な独占の限界が明らかなった今、私たちはどこにいけばいいのでしょうか。置き忘れてきたものを見直す時がきているのではないでしょうか。それぞれの真に豊かで多様な感性をもつ人々は、その居場所を独占的な所有ではなく、心の共有の中に見出すのではないでしょうか。

その居場所に無限の経済成長は必要ありません。集客にしても生産にしても、無限に上げていく必要はありません。都市になることを目指すのではなく、地域自治体の総合戦略の延長線上にある新しい循環型経済のヒントを注意深く探ることが必要であると確信します。それには川のブランディングが有効な手段になります。

水や森林、あるいは地下資源といった根源的な富は、国や市場ではなく「コモン」としてみんなで持続可能な形で管理していくのがいいのではないでしょうか。

私たちは地球を先代から受け継ぎ未来の世代に残す必要があります。

目指すのはお金のあるなしに関係なく、みんなにとって大事なものをみんなで管理し共有できる豊かさであり、そのことが大切です。構想と実践の分離のない、愛のある世界が大切です。川を通じてそれを創りたい。心底そう考えています。

環境的上限を超える乱獲はダメだし、資源の枯渇しない無限の川なんてありません。考え方を根本的に是正して、資源を増やすのではなく守ることが何より大切なのであり、そこから人間の分け前をいただくようにします。人間が守らないと川は壊れてしまいます。

川から学ばなければならないことは多く、次世代にその智を伝承していく世代を超えたタテのコモンズが大切になるとも感じます。

森は水のこと、里は人のこと、素晴らしき日本の宝である「カワイイ川がつなぐもの」は無限です。

〔参考文献〕

ADB「Asian Water Development Outlook 2013 – Measuring Water Security in Asia and the Pacific」
http://www.adb.org/sites/default/files/pub/2013/asian-water-development-outlook-2013.pdf
高橋勇夫・東健作「天然アユの本」築地書館（２０１６）
姜尚中「アジアを生きる」集英社（２０２３）
斉藤幸平「ゼロからの『資本論』」ＮＨＫ出版（２０２３）

あとがき

子どもの頃、とにかく妄想することが好きでした。

妄想に登場するのは、標高１２００ｍ付近にあるきれいな湖で、無数の小河川が流入していて、流出する川は1本だけ、なぜかその妄想の川は日本海の富山湾に注いでおり、源流域から海まで遮るものなくつながっていました。

その理想の湖から富山湾にいたる流域の、サケマス類をはじめとする魚介類たちは、なぜか私の思い通りの生態系をもっていました。とくに春に遡上するマスは銀毛《スモルト》していて、エビをたくさん食べているので身は真っ赤、ヒメマスのような魚体でした。それをかっこいいナイフで3枚におろしてから燻製にするのですが、なぜか食べるところの妄想はあまりなく、燻製用の炭を焼くための炭焼き小屋に気持ちがいってしまいます。どうやって火持ちのよい炭を焼こうかなどと思案しつつ、マスだけじゃ足りないので、熊かイノシシをどうやって獲ろうかとか、山菜は何にしようかなどと、地に足のつかない非現実的な山の暮らしに憧れていました。

成長にともない、一緒に食べる人が登場するようになりましたが、その頃には妄想する時間は徐々に減っていきました。

妄想で遊んでいた少年期から壮年期を経て、今、セカンドライフでリバーブランディングをテーマに活動していると、あの頃の妄想はこれからの時代に求められる発想だったのではと思います。森里川海がつながっていて生活に困らない、循環型経済のイメージでした。

地球温暖化は待ったなしに進行しています。環境省は「ネイチャーポジティブ（自然再興）」を提唱して、自然資本を守り社会経済活動を広げるために、生物多様性が評価、保全、回復され、賢明に利用される自然と共生する世界をめざすことを提唱しています。

私の妄想の川は、当時、そこまでの知識はもちろんありませんでしたが、少なくとも「タテ・ヨコ・垂直方向」の統合ができている川だったようです。

川が源流から海までつながっていて、氾濫できるスペースがあり、洪水によって生物たちにとって好ましい物質交換ができ、産卵できる川かどうか。川底の通水がよく、水がきれいで酸素が豊富、微細粒子で目詰まりしていないことが理想です。


自然資源は有限ですので、乱獲は歓迎できません。アユにしてもヤマメにしても、放流すればいいじゃないかという考えのもと、放流を継続している内水面漁協も多いですが、放流によってアユもヤマメ（サクラマス）も増加せず、むしろ放流するほど減少することがわかっています。魚の増殖は、放流によって見かけ上の生息数を増やすのではなく、水辺林を回復させるなど環境を整え、漁獲制限のルールを設定し、それを守ることで天然魚を増やしていくことが大切です。

もちろんたくさんの魚が放流されたほうが、たくさんの釣果が得られるでしょう。しかし、たくさん釣れることを楽しむのではなく、天然魚を守り育てている、美しいすてきな川で釣りをすることを楽しんではいかがでしょうか。

緑の中を流れ、生き物であふれる豊かな川が日本中にあればいい、そう思います。


そんな私がこの本の執筆をさせていただいて感じたのは、「カワイイ川が、つなぐもの」には、ほんの少ししか妄想が入っていないことです。それも川底とか地層とか、見たことのないビジュアルイメージの妄想だけで、自分でも驚くくらい川に対する真摯な気持ちで文章を構成していきました。自分でも少し意外に感じていますが、「セカンドライフをリアルに楽しませていただいているのだ」ということに気付き、感謝の気持ちがふつふつと湧いてきました。


「川とコモンズ」をテーマに本を書いてみたいと申し上げたところ、ご快諾いただき、様々な角度からご指導をいただきました株式会社B・M・FTの大橋正房相談役、当意即妙に校閲をご担当いただいた光岡祐子さんに心より御礼申し上げます。

そしてNPO法人ウォーターズ・リバイタルプロジェクトの増山哲朗さん、横山涼子さんには川バカの私を理性的に支えていただきました。

また、県・市町村の河川関連・産業振興などの行政ご担当者さま、各種の調査をご担当いただきました専門家の皆さま、そして「リバーブランディング」という戦略ワードを提言いただきました、科学技術ジャーナリスト・赤池学先生に心より感謝の気持ちを申し上げます。

皆さま、ありがとうございました。

2024年12月

水谷　要

[附] 川検定
問題と解答

川について正しい知識を持ってもらうために、以前つくった問題を掲載させていただきます。

川の事故はよく報道されます。無謀な行動が引き起こす事故から、知識不足によるものまで様々ありますが、川と楽しく接してもらいたい、自然からいろいろな学びを感じてもらいたい、そんな気持ちで川検定をつくりました。

川はすべての源で、日本の国土の血管です。ただ、猛り狂う増水した川には決して近づかないでください。噴火している火山に登るようなものです。

設問は45問です。

[附] 川検定　問題

問題 1）次のうち、日本で一番長い川はどれですか。1 つ選びなさい。

1. 利根川　2. 石狩川　3. 信濃川　4. 最上川

問題 2）次のうち、日本で一番幅の広い部分がある川はどれですか。
1 つ選びなさい。

1. 神田川　2. 荒川　3. 富士川　4. 多摩川

問題 3）次のうち、一級河川ではないのはどれですか。1 つ選びなさい。

1. 阿武隈川　2. 北上川　3. 四万十川　4. 目黒川

問題 4）次のうち、海と川を行き来する魚はどれですか。1 つ選びなさい。

1. コイ　2. アユ　3. フナ　4. ナマズ

問題 5）次のうち、多摩川が通らない都道府県はどこですか。1 つ選びなさい。

1. 東京都　2. 長野県　3. 神奈川県　4. 山梨県

問題6）川の原則についての説明のうち、間違っているのはどれですか。1つ選びなさい。

1. 川とは、空から山へ降って来た雨水の「最初の一滴」が、最終地点である海へと至るまでの間を結ぶもの
2. 川は等高線（等ポテンシャル面）に直交する方向に流れ下る
3. 川はさまざまな流域を通るプロセスで、火山活動、断層運動、造山運動、海面変動などの影響を受ける
4. 川は高低差のあるさまざまな流域を通って海に注ぐが、そのプロセスで大きく流れの速さが変化することはない

問題7）一級河川についての説明のうち、間違っているのはどれですか。1つ選びなさい。

1. どの川を一級河川にするかは、国土交通省が河川法によって決めている
2. 国土の保全上、または経済上、とくに重要とみなされた水系が一級河川に指定される
3. 川の歴史が古いほど等級は高くなる
4. 現在、全国で13,935の川が一級河川に指定されている

問題8）次のうち、多摩川水系でない河川はどれですか。1つ選びなさい。

1. 利根川　　2. 秋川　　3. 浅川　　4. 仙川

問題9）河口原点の説明として、間違っているのはどれですか。1つ選びなさい。

1. 河口原点とは、川が海に流れ込む地点のこと
2. 河口原点は、川の長さを決める基準にもなる
3. 川が流れ出す源流地のことを河口原点と呼ぶことがある
4. 源流からもっとも遠い地点を河口原点という

問題10）川の始まりについて、間違っているのはどれですか。1つ選びなさい。

1. 地上に落ちた雨水がどこへ下るか、流れる方向を決定する場所を分水界という
2. 分水界は分水嶺とも呼ばれ、人の運命を分けるときの例えとしても使われる
3. 川の源流は多くの場合、山頂から少し下ったところにある
4. 分水界に落ちた雨水は、必ずたった1つの川へと流れ込む

問題11）山にある分水界のことを「分水嶺」と呼びます。この分水嶺の説明として、間違っているのはどれですか。1つ選びなさい。

1. 分水嶺は、気候や地質の分かれ目になることがある
2. 分水嶺はあくまでも水の流れを分ける地点のことで、植物や動物の生息分布を分けることはない
3. 日本列島の中心線を走っている山脈を中央分水界と呼ぶ
4. 川は、中央分水界を境にして、日本海側に注ぐものと太平洋側に注ぐものとに分かれる傾向にある

問題12）川の流れる速度は、傾斜が________、幅が________、流量が________ほど速くなります。下線部にあてはまる言葉の組み合わせで正しいのはどれですか。1つ選びなさい。

1. 緩やか、狭く、小さい
2. 緩やか、広く、大きい
3. 急、狭く、大きい
4. 急、広く、小さい

問題13）次のうち、日本で一番広い（流域面積が広い）川はどれですか。1つ選びなさい。

1. 利根川　　2. 石狩川　　3. 信濃川　　4. 花火川

問題14）多摩川には、2つのダムがあります。その組み合わせとして、正しいのはどれですか。1つ選びなさい。

1. 小河内ダム・白丸ダム
2. 小河内ダム・城山ダム
3. 城山ダム・滝沢ダム
4. 滝沢ダム・白丸ダム

問題15）これは、白丸ダムに設置されている日本最大級のあるものを映した写真です。これは何ですか。次のうちから1つ選びなさい。

1. 魚道
2. 調査員用の階段
3. 水力発電システム
4. 水路にフタをした暗渠《あんきょ》

〔出典〕藤岡貫太郎「川はどうしてできるのか」講談社（2014）

問題16）ダムに設けられた人工的な魚の通行路を魚道と言います。なぜダムに魚道を作る必要があるのですか。ふさわしくない説明を1つ選びなさい。

1. ダムによって遮断された海と、川を行き来する魚の通り道を確保するため
2. 生態系を保全するために重要だから
3. 落差が急すぎると、魚が川を遡れなくなるから
4. 飲料水として使われるダムの水に、魚が混じらないようにするため

問題17）ダムや湖などの人工貯水地について、正しい説明はどれですか。1つ選びなさい。

1. メンテナンスをきちんとすれば、永久的に利用できる
2. 上流から運ばれてきた土石が流れ込むのを避けられないため、いつかは使えなくなる運命にある
3. ダムや湖は、規模が大きければ大きいほど、施設の寿命は長くなる
4. 上流の河床が花崗岩でできていれば、頑丈なダムがつくれる可能性が高い

問題18）次のうち、川の上流で見られない景観はどれですか。1つ選びなさい。

1. 渓谷の両側に切り立った地層が露出している
2. 大きな岩が川の中に転がっている
3. 強い下刻作用によって谷が深く削られている
4. 大きな三角州がある

問題19）上流の景観として特徴的な「滝」。その成り立ちは、①浸食作用によるもの、②河床の岩石の硬さの違いによるもの、③もともと河床に段差があったもの、④岩に規則的にできた割れ目＝＿＿＿＿によって段差ができたもの、の4つに分けられます。下線部に入る言葉を1つ選びなさい。

1. 等高線　2. 分水嶺　3. 節理《せつり》　4. 甌穴《おうけつ》

問題20）日本には、「滝王国」とも言えるほどたくさんの滝があります。その理由として、正しくないものを1つ選びなさい。

1. 山国のため、急流が多く、河床が大きく削られる場合が多いから
2. 明治維新以降、人工的に多くの滝がつくられたから
3. 火山活動が活発なため、節理や断層ができやすいから
4. 節理ができやすい花崗岩や砂岩でできた川が多いから

問題21）滝の落下点にある岩が削られてできたものを滝壺と呼びます。では滝から落ちてきた水が流れの強いところで渦を巻いて、周辺の岩石を削って作った穴を何と呼びますか。正しいものを1つ選びなさい。

1. 甌穴《おうけつ》　2. 節理《せつり》　3. 天井川　4. 間欠泉《かんけつせん》

問題22）中流に来て、流れが緩やかになると、川は山から運んできた土砂を押し流すことができなくなります。平野の入り口にたまった土砂はやがてオーバーフロー（あふれ出る現象）を起こし、川の水と一緒になって、放射状に扇子のような地形をつくります。この特徴的な地形を＿＿＿＿と呼びます。下線部に入る言葉を1つ選びなさい。

1. 天井川　2. 扇状地　3. 砂丘《さきゅう》　4. 鍾乳洞《しょうにゅうどう》

問題23）扇状地の説明としてふさわしくないものはどれですか。1つ選びなさい。

1. 甲府盆地（山梨県）は、笛吹川の上流から集まるたくさんの川によってつくられた扇状地が合わさったもので、その地形はブドウの栽培に適している
2. 扇状地にたまった土砂は水が浸透しやすいため、川の水の多くが地下に入り込み、伏流水となる
3. 海に近い川では、海に直接流れ込んだ土砂が扇状地となって海を埋め立て、陸を形成することもある
4. 扇状地と中洲は似たものに思われがちだが、その成り立ちはまったく異なる

問題24）川の中流にできる中洲。大きく成長して地盤も安定した中洲は川幅が狭く、両岸から橋を架けやすいため、その上に都市が発達することがあります。次のうち、中洲にできた市街地でないのはどれですか。1つ選びなさい。

1. 中野（東京都中野区）
2. 中之島（大阪府大阪市）
3. ニューヨーク（アメリカ）
4. 中洲（福岡県福岡市）

問題25）次のうち、川の中流で見られない景観はどれですか。1つ選びなさい。

1. 扇状地　2. 渓谷　3. 中洲　4. 河岸段丘《かがんだんきゅう》

問題26）扇状地や中洲ができるのは、川のどのような作用が働いたからですか。1つ選びなさい。

1. 風化　2. 浸食　3. 堆積《たいせき》　4. 撹拌《かくはん》

問題27）川が地形におよぼす作用のひとつ「風化」について、間違っている説明はどれですか。1つ選びなさい。

1. 風化とは、物理的、または化学的に、岩石が分解・崩壊して粉々になっていくすべてのプロセスのことを指す
2. 風化とは、風の作用のみによって起きる岩石の分解・崩壊のことである
3. 岩石が崩壊する原因には、植物の根が入り込んだり、ミミズが食べたりすることも考えられる
4. 岩石にとって過酷なのは急激な温度変化で、寒暖差によって膨張と収縮を繰り返すため風化が進みやすい

問題28）川が地形におよぼす作用のひとつ「浸食」について、間違っている説明はどれですか。1つ選びなさい。

1. 川の流水や川が運ぶ石などが河床や地表を削る作用
2. 河床を特に深く削ることを「下刻作用」と呼ぶ
3. 浸食によって、河床はV字型の谷になる
4. 浸食は川の流れが緩まる中流で盛んになる作用である

問題29）風化や浸食によって細かく砕かれた岩石の多くは、雨や風によって運ばれて川に入ります。川に入った岩石の粒子についての説明で、ふさわしくないものはどれですか。1つ選びなさい。

1. 岩石の粒子には、大きい方から順に、礫《つぶて》、砂、シルト、粘土がある
2. 川に入った岩石の粒子は、その大きさによって流されたり留まったりして、それぞれが違う作用を川にもたらす
3. 川の水流は、時間さえかければ、どんなに大きな岩石でも下流へと流す力がある
4. 礫《つぶて》のように2㎜より大きなサイズの粒子は、中流の緩やかな流れでは運搬しきれない

問題30）川の下流で見られる現象について、間違っているのはどれですか。1つ選びなさい。

1. 人間の生活の影響を色濃く受けるようになる
2. 海と出会う河口では、川の土砂が海水に押し戻される現象が起きる
3. 下流の特徴的な地形に「三角州」がある
4. 下流では川の流れが再び速くなるため、堆積作用は起きにくい

問題31）「三角州」は川の下流に見られる特徴的な地形です。その説明として間違っているのはどれですか。1つ選びなさい。

1. 三角州は山国である日本にだけ特徴的に見られる地形であり、世界でも珍しい
2. 河口に形成された三角州によって、川は本流といくつもの支流に別れる
3. 三角州は、ギリシャ文字のΔ《デルタ》に似ているため、「デルタ」とも呼ばれる
4. 日本では、太田川（広島県広島市）や阿武川（山口県萩市）の河口にある三角州が有名

問題32）川と海とがせめぎ合う下流では、海水が川へ逆流する「海嘯《かいしょう》」という現象がしばしば見られます。海嘯の説明としてふさわしくないのはどれですか。1つ選びなさい。

1. 潮の満ち引きによって引き起こされることがある
2. 海嘯は潮津波《しおつなみ》とも呼ばれ、津波のようにすさまじい激流が川を遡上することがある
3. 日本では稀な現象のため、特に警戒する必要はない
4. 2011年3月11日に起きた東日本大震災では、北上川を70㎞も津波が遡上した

問題33）川がヘビのように曲がりくねって流れる「蛇行」は、下流の平野で最も目につく地形です。蛇行についての説明として間違っているのはどれですか。1つ選びなさい。

1. 確定的な理由はないが、基本的には川が障害物をよけるために起こる現象である
2. 川の蛇行は、地球の自転が生み出す「コリオリの力」の影響を大きく受ける
3. 下流に入って川の流速が遅くなると、運んで来た土砂は置いてきぼりにされる。その後の流れが土砂をよけて進もうとするため、蛇行が起きる
4. 川の流れは、その中心とはじで流速に差ができるため、流れがふらつくことがある。これは蛇行が起きる原因のひとつとされる

問題34）この写真は、川の蛇行が生み出した元石狩川支流の写真です。このように旧河道が取り残された地形を何と呼びますか。1つ選びなさい。

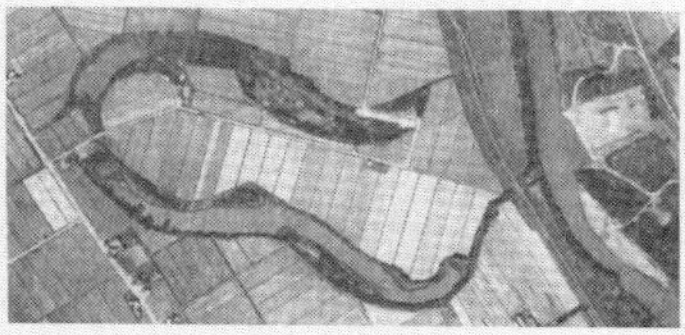

1. 甌穴《おうけつ》
2. 三日月湖
3. 干拓地
4. 干潟《ひがた》

〔出典〕藤岡貫太郎「川はどうしてできるのか」講談社（2014）

問題35）川の終点についての説明のうち、間違っているものはどれですか。1つ選びなさい。

1. 川が海とぶつかる地点は河口原点と呼ばれ、川の長さを測る際の基点になっている
2. 川は海とぶつかった後も、海底を流れ続ける。海底を流れる川を「海底谷」と呼ぶ
3. 川の水が運んできた土砂が、勢いよく海底を流れる現象を「乱泥流」という。ただし、発生する際は小規模なので、海底ケーブルが切断されるなどの事故は想定しなくてよい
4. 川が海に運び込んだ土砂が海底谷を流れる速度は、時速100㎞近くにまでなることがある

問題36）これらの淡水に生息する主な魚のうち、特定外来生物はどれですか。1つ選びなさい。

1. タイリクバラタナゴ　2. ハクレン　3. オオクチバス　4. オイカワ

問題37）周囲の平地より、高いところを流れる川を何と呼びますか。1つ選びなさい。

1. 八重洲　2. 天井川　3. 水無川　4. 三角江

問題38）冷水を好む渓流魚のイワナやヤマメなどには、降海して１～２年で元の川に戻ってくるものがあります。このような魚類を何と呼びますか。１つ選びなさい。

1. 出世魚　2. 通し回遊魚　3. 陸封　4. 熱帯魚

問題39）川にどんな生物が棲んでいるかを調べることで、水がきれいかどうかを判断する「水棲生物による水質判定」では、水のきれいさは４段階に分けられています。次のうち、きれいな水（水質階級Ｉ）にしか棲めないとされている生物はどれですか。１つ選びなさい。

1. *タニシ*　2. *ヒル*　3. *サワガニ*　4. *サカマキガイ*

問題40）川にどんな生物が棲んでいるかを調べることで、水がきれいかどうかを判断する「水棲生物による水質判定」では、水のきれいさは４段階に分けられています。次のうち、水はやや濁っているけれど、川のなかの石を持ち上げるとたくさんの生き物がいる「ややきれいな水」（水質階級II）に生息していない生物はどれですか。１つ選びなさい。

1. *アユ*　2. *ゲンジボタル*　3. *カワムツ*　4. *ヤマセミ*

問題41）山に降り注いだ雨粒が流れ落ちたものが川の始まりです。にもかかわらず、日本一高い山・富士山の表面には川がありません。それはなぜですか。ふさわしくない説明を１つ選びなさい。

1. 富士山に降った雨や雪溶け水はすべて、表面を覆っているさらさらした玄武岩溶岩の割れ目や穴から山体の中に染みこんでしまうから
2. 富士山は雲より高いので、山頂に雨が降ることがなく、川ができないから
3 富士山の地表に川はないが、染みこんだ雨水は地下で伏流水となって流れている
4. 現在の新富士の地表の下には、古富士と呼ばれる水を通しにくい地層がある。地下に染みこんだ雨水は、この古富士の地層の上を地下水として流れている

問題42）河川や湿地に生息している植物のなかで、絶滅のおそれがある野生生物として環境省のレッドデータブックにも掲載された、さいたま市桜区や荒川流域に有名な群生が見られる種はどれですか。1つ選びなさい。

1. キバナコウリンカ　2. コクラン　3. サクラソウ　4. タマノカンアオイ

問題43）家庭から排出された生活用水は、いったん浄化槽で処理されてから川や海に流されます。浄化槽では、家庭から排出される汚水は________の力によって浄化処理されています。下線部にあてはまる言葉を1つ選びなさい。

1. 竹炭　2. 微生物　3. 硫酸　4. クエン酸

問題44）森林が川へ与える影響について、間違っている説明はどれですか。1つ選びなさい。

1. 森林の土壌はスポンジのように雨をたくわえ、地斜面に降った雨が一気に川へ流れるのを防ぐ
2. 森林は自然の濾《ろ》過《か》施設のようなもの。雨水が森林を通って土壌に染み込むと余分な物質は土に吸収され、反対にミネラルなどが添加されておいしくなる
3. 森林の土壌が雨水を浸透させる力は、草地の2倍、裸地の3倍にもなる
4. 森林は川の流れを邪魔するため、必ず人間の手で整備する必要がある

問題45）河川の名称や構造についての説明のうち、間違っているのはどれですか。1つ選びなさい。

1. 河川のなかで、浅くて流れの早い部分を「瀬」と呼び、深くて流の緩やかな部分は「淵」という
2. 河川のなかで、「淵」の部分には魚が多く生息している
3. 河川の下流から上流を見たときに、右側が「右岸」、左側が「左岸」である
4. 堤防がある河川では、堤防に挟まれた川があるほうを「堤外」、家や田畑のあるほうを「堤内」という

［附］川検定　解答

問題1）　正解：3
解説：日本で一番長いのは、長野県東部から新潟県を通って日本海に注ぐ信濃川。長さは約367㎞です。利根川（茨城、栃木、群馬、埼玉、千葉、東京、長野）は2番目、石狩川（北海道）は3番目、最上川（山形）は7番目に長い川です。

問題2）　正解：2
解説：荒川の埼玉県鴻巣市滝馬室から吉見町大和田までの川幅が2,537 mで日本一といわれています。「川幅」とは、河川敷を含めた両岸の堤防間のことを指します。

問題3）　正解：4
解説：目黒川は、東京都世田谷区・目黒区・品川区を流れる二級河川です。国土交通省は河川法によって、日本国内において国土の保全上、または経済上とくに重要とみなした水系を一級水系に指定、一級水系に連なる河川を一級河川としています。一級の次に重要とみなされた水系を二級と指定しています。

問題4）　正解：2
解説：アユのほかに、ウナギ、ウグイ、ボウズハゼなども海と川を行き来します。

問題5）　正解：2
解説：多摩川はその下流域で、東京都と神奈川県の県境として機能しています。

問題6）　正解：4
解説：川は上流・中流・下流で大きく姿を変化させます。川幅や河底の傾きの違いから、同じ川でも流域によって様々に違った表情を見せてくれます。

問題7）　正解：3
解説：河川の等級を決めるのに、歴史の古さは関係ありません。国にとって重要とみなされた水系が指定されています。

問題8）　正解：1
解説：利根川は、利根川水系の本流です。

問題9）　正解：3
解説：河口原点とは、川が海に流れ込む地点のことで、源流から河口原点までの距離が川の長さとなります。

問題10）　正解：4
解説：分水界は、多くが複数の川へと分かれていくのが通常です。甲武信ヶ岳のように山梨・埼玉・長野の3県（かつては甲斐・武蔵・信濃の三国）の境目にある分水嶺もあります。

問題11）　正解：2
解説：分水嶺は水を分けるポイントであると同時に、尾根の両側の地質や気候を分け、それによって植生や動物の分布にまで影響を与えることがあります。

問題12）　正解：3
解説：川の流れる速度には、河床の傾斜、川幅の広さ、水深などが関係しています。通常は上流ほど早く、下流ほど遅くなります。

問題13）　正解：1
解説：日本で一番、流域面積が広い川は利根川です。流域面積は1,684㎢、長さは322㎞。利根川は信濃川に続いて2番目に長い川でもあります。

問題14）　正解：1
解説：小河内ダムの総貯水量は約1億9,000万㎥にものぼり、いまも東京都民が使う水の20％を提供しています。白丸ダムは1963年に発電用のダムとして造られました。日本最大級の魚道があることでも知られています。

問題15）　正解：1
解説：白丸ダムには、日本最大級の魚道が設置されています。2001年につくられたこの魚道は全長330 m、高低差は27 mという大規模なものです。

問題16）　正解：4
解説：魚道を設置することは、海と川を行き来する魚の通り道を奪わないために大変重要なことです。天竜川にある泰阜《やすおか》ダムには魚道がないため、ウナギが太平洋から諏訪湖に還れなくなってしまった例もあります。

問題17）　正解：2
解説：人間がどんなに巨大なダムをつくって川をせき止めても、ダムや湖などの人工物はやがて使いものにならなくなる日がやってきます。上流から運ばれてくる堆積物によって、埋め尽くされてしまうからです。ダムや湖はあくまでも期間限定の人工物なのです。

問題18）　正解：4
解説：上流では河床の傾斜が大きいため、流れが速くなります。そのため強い水流によって大きな岩が動かされたり、谷が深く下刻されたりするのです。全体に動的な印象を与えるのが、上流の風景の特徴といえるでしょう。

問題19）　正解：3
解説：岩に規則的にできた割れ目のことを、節理と言います。その割れ目の両側がずれたものを断層と呼びます。河床になんらかの理由で段差が生じれば、そこから滝ができるのです。

問題20）　正解：2
解説：山国である日本の川は急流が多く、長さも短いため、河床の浸食が進みやすいといえます。また火山活動が活発なため、節理や断層などができやすい特徴もあります。つまり滝の成因となる段差が非常に生じやすいのです。

問題21）　正解：1
解説：河底や河岸の岩石面上にできる円形の穴が、甌穴《おうけつ》です。ポットホールやかめ穴とも呼ばれます。

問題22）　正解：2
解説：扇状地は、河床の傾斜が緩やかな中流に見られる特徴的な地形です。土砂が次々に運ばれるのにしたがって、扇状地は先へ先へと形成されていきます。

問題23）　正解：4
解説：扇状地と中洲は、成り立ちがよく似ています。ただ、土砂がたまる場所が違うだけです。扇状地が広い場所であるのに対して、中洲は川の縁や真ん中にできるのです。

問題24）　正解：1
解説：ニューヨークがあるマンハッタン島も、総面積およそ57kmもある大規模な中洲です。また中之島（大阪市）の中洲には、大阪市役所が建てられるなど、都市の重要な機能を担う場となっています。

問題25）　正解：2
解説：中流における川の流れは緩やかです。渓谷は流れが急な上流で見られる景観です。強い流れが河床を削りとることで段差が生まれ、渓谷が作られるのです。

問題26）　正解：3
解説：中流に独特の地形をつくりだしているのは、川の「堆積」という作用です。流速が緩やかになることによって、川が流しきれなくなった土砂が積み重なっていきます。

問題27）　正解：2
解説：「風化」とは風による作用と思われがちですが、そうではありません。その原因は雨風によるものだけではなく、温度変化や凍結作用、水・酸素・二酸化炭素の作用、また生物の働きにも影響を受けます。

問題28）　正解：4
解説：浸食は川の流れが速い上流で盛んになる作用です。

問題29）　正解：3
解説：川の水流は、粘土のように2μ《ミクロン》より細かい粒子なら、どこまでも運ぶことができます。しかし、礫《つぶて》のように2㎜より大きな粒子は強い力がなければ運搬できず、中流で河床に堆積し始めるのです。

問題30）　正解：4
解説：川の下流では流れがさらにゆっくりになるため、堆積も進みます。さらに川が海と出会う河口付近では、海水に押し戻された土砂が堆積物となり、大きな三角州を形成します。

問題31）　正解：1
解説：三角州は川が海と出会う河口にできやすい地形であり、もちろん世界共通です。ナイル川やメコン川などの大河の河口にも、巨大なデルタ地帯が広がっています。

問題32）　正解：3
解説：海嘯《かいしょう》は、地震などによって引き起こされることがあります。今後、首都圏で大きな地震が予想されていることもあり、もちろん日本でも警戒は必要です。多摩川の下流の入り口には、調布防潮堤が設置されています。

問題33）　正解：2
解説：海や大気には、地球の自転の影響で「コリオリの力」がはたらきます。海水が北半球では右回りに、南半球では左回りに流れるのはこのためです。ただし、川の蛇行は、左右交互に起こることが多いので、コリオリの力の影響はないとみられています。

問題34）　正解：2
解説：大きく蛇行した河川が、浸食や改修工事によって流れを変えたため、旧河道が取り残されて湖になったものを「三日月湖」といいます。写真は大きく蛇行する石狩川の支流からできた三日月湖です。

問題35）　正解：3
解説：海にぶつかった川の水は海水の上に乗り上げ、そのまましばらく沖合へと進みますが、川が運んできた土砂は、海底に沈んで堆積します。それらの堆積物を、台風や地震などの影響を受けた水流がものすごい速さで押し流す現象を「乱泥流」といいます。乱泥流の威力はすさまじく、国内外で海底ケーブルが切断される事故がたびたび起きるほどです。

問題36）　正解：3
解説：外来生物法は、日本在来の生態系を損ねたり、人や農林水産物に被害を与えたりする恐れがある外来種を「特定外来生物」に指定し、その飼養、栽培、保管、運搬、輸入を原則禁止する法律です。 2005年6月に施行されました。

問題37）　正解：2
解説：天井を流れる川という意味で、天井川と呼ばれます。流路の一部が天井川になっている川は多く、河床の下にトンネルを掘って鉄道や道路を通しているところもあります。

問題38）　正解：2
解説：成長段階や環境の変化に応じて移動する魚を「回遊魚」と言い、なかでも川と海とを行き来する魚を「通し回遊魚」と呼びます。一度海に出た回遊魚が元の川に戻ってこられるように、川の環境保護を行ったり整備したりすることが大切です。

問題39）　正解：3
解説：川底に棲んでいる生き物は、その川の過去から現在までの水質状況を反映しています。どんな生き物が棲んでいるかを調べることによって、その地点の水質がわかるのです。サワガニは、川底まで見える透明なきれいな水と判断される水質階級Ⅰ級の川にすむ生物です。そのほかには、ヤマメ、ヤマセミ、カゲロウなどがあります。

問題40）　正解：4

解説：「ややきれいな水」（水質階級Ⅱ）に生息している生物は、他にコオニヤンマ、スジエビ、カワニナなどがあります。ヤマセミは、もっときれいな水質階級Ⅰの川に見られる生物です。

問題41）　正解：2

解説：富士山は噴火を重ねてできた山であるため、今見えている山の内部は地層の4階建て構造になっています。表面を覆っている玄武岩溶岩の割れ目や穴から染み込んだ水は、その下の地層（古富士）との間を伏流水となって流れ、やがてふもとで湖や湧水となって地表に出てくるのです。

問題42）　正解：3

解説：江戸時代から荒川流域一帯は、サクラソウの名勝地として親しまれてきました。ところが治水工事や工場の開発、河川敷の大規模開発事業などにより、生育環境が悪化したため、レッドリストに掲載されることになりました。この危機に対して、地域の愛好者や研究者が灌水設備を整備するなどの取り組みを行い、自生地の保護活動が続けられています。

問題43）　正解：2

解説：浄化槽で水をきれいにしてくれているのは微生物です。浄化槽は大体3～4つの部屋に別れていて、それぞれに違う種類の微生物がすんでいて、汚水中の有機物を食べて（分解して）水をきれいに戻してくれています。あなたの家のトイレやキッチンにある排水溝は、そのまま川の入り口に通じていることを忘れないようにしましょう。

問題44）　正解：4

解説：森林に降った雨は、スポンジのような土壌にたくわえられて、ゆっくり時間をかけて川へと送り出されます。森林は、貯水機能や浄化機能、洪水の緩和機能をも備えた、なくてはならない場所です。美しい川の水を守るためには、森林を豊かに保つことが大切です。

問題45）　正解：3

解説：　河川を「上流」から「下流」に向かって眺めたときに、右側を右岸、左側を左岸といいます。つまり、流れていく方向に向かって右か左かで決まるのです。

著者略歴
水谷　要（ミズタニ ヨウ）
ymizutani@outlook.jp
NPO法人ウォーターズ・リバイタルプロジェクト代表

1956年 東京生まれ、慶應義塾大学卒業。
広告会社にて家電や食品企業への営業企画を行う。
退職後、全国を廻り中小河川の次世代への継承を決意。
2016年、NPO法人を設立。
河川の保全活動など自然環境を改善し、
人と自然の調和がとれた地域づくりのための活動を行う。
現在は、自治体や協議会、民間企業と連携、
川を中心にした持続可能な産業資源化による
地域の再生を"リバーブランディング"とし、
次のような活動を行っている。
・グリーンツーリズムの事業企画開発
・観光インフラの整備やサービス開発
・森林資源と空間の活用・商品開発
・農産物・海産物の食品・メニュー開発
・河川の魚道改修
・絶滅危惧生物の発見と保護
・河川の地質・水質・生物の調査
・流域の生物・自然資源の調査
・地域の年中行事や生活文化の調査

川から始める地方再生 リバーブランディング
2025年 1月23日 初版発行

著　者　水谷　要
発行者　大橋正房
発行所　B・M・FT出版部
〒151-0051 東京都渋谷区千駄ヶ谷3-4-7
グリーンパーク原宿101
Phone 03-6447-1271　Fax 03-6447-1272
デザイン　松田 剛（TOKYO 100MILLIBAR STUDIO）
印刷・製本　上毛印刷株式会社

ISBN978-4-9912934-5-0 C0095